진단 의동물학

실 습

월드사이언스
worldscience.co.kr

진단 의동물학 실 습

인 쇄	2011년 8월 20일
발 행	2011년 8월 31일
저 자	주종필
발행인	박선진
발행처	(주)월드사이언스
주 소	서울특별시 서초구 방배4동 864-31 월드빌딩 1층
등록일자	1988년 2월 12일
등록번호	제 16-1601호
대표전화	(02) 581-5811~3
팩스	(02) 521-6418
E-mail	worldscience@hanmail.net
URL	http://www.worldscience.co.kr
정가	10,000원
ISBN	978-89-5881-183-1

이 도서의 국립중앙도서관 출판사 도서목록 (CIP)은 e-CIP 홈페이지(http://www.nl.go.kr/cip.php)에서 이용할 수 있습니다.(CIP 제어번호 : CIP2011003448)

머 리 말

이 책의 초판이 1989년 9월에 있었던바 이미 여러 번의 증판을 거듭하면서 20여년의 세월이 흘렀다. 특히 기생충학 분야 역시 발전을 거듭하며 국민들의 건강에 많은 기여를 한바 기생충 감염률이 현저하게 줄어든 현상을 보이고 있다. 따라서 학생들에게 실습에 필요한 자료나 실물의 제공 여건이 날로 어려워지고 있는 현실이 안타깝기도 하다.

그러나 최근에는 해외여행자, 해외파견 근무자의 급증, 해외 관광객의 증가 및 기타 여러 원인들로 인하여 열대풍토병(tropical disease)인 악성 말라리아(pernicious malaria), 리슈마니아(leishmania) 등 여러 질환들이 조금씩 증가하고 있으며 애완동물 선호자의 증가와 식습관의 부주의로 인한 인수공동 감염증(zoonoses) 등이 증가하는 경향을 보이고 있다. 따라서 열대병에 관한 지식과 경험 부족으로 인한 오진 사례가 있어 당황하게 된다.
특히 기생충은 그 임상적 증상 소견이 특이하지 못한 경우가 상당히 많아 진단시 가검물의 채취 및 기생충학적 검사가 불가피한 것들이 많다.

이에 의학부 학생, 인턴, 대학원 전공생과 일선 보건 요원들에게 참고가 되도록 전반적인 기생충의 형태학적 구조를 중심으로 기생충 진단의 기술적 개요뿐만이 아니라 기생충 감염의 정확한 확인에 도움이 되는 충란, 유충의 식별과 각종 매개 동물을 포함하여 기술적 진단 절차를 엮어 보았다. 강의 교재의 목차의 순서를 참고로 하여 강의와 실습책의 진도가 가급적 맞도록 편집하였으며 제목도 기생충학 실습에서 진단 의동물학 실습으로 바꾸어 보았다.

많은 교재들을 집필하였지만 항시 출판에 앞서 부족하고 죄송함을 느낀다. 이 진단 의동물학 실습 교재도 여전히 미비하고 부족한 부분이 많이 있을 것으로 보며 항상 끊임없는 충고와 성원을 기대하는 바이다.

끝으로 여러 가지 어려운 여건 속에서 출판을 맡아주신 월드 사이언스 박선진 사장님과 편집진 여러분에게도 깊은 감사를 드린다.

2011년 8월

저자

차 례

제 04장 조직 내 기생 흡충류 / 69

제 05장 각종 연충류의 충란 및 세균, 효모, 아포 / 95

제 06장 장내 기생 원충류의 실습 / 103

01 현미경 사용법

[1] 현미경의 구조 및 명칭

현미경이란 매우 작은 물체를 크게 볼 수 있도록 만들어진 기구이다. 초점 거리가 짧은 대물렌즈(objective lens)와 접안 렌즈(ocular lens)의 두 볼록렌즈가 경통의 양단에 있으며, 적정장치(adjustment)로 경통을 움직여서 초점을 맞추어 물체를 크게 볼 수 있게 되어 있다. 실습시간에는 항상 사용되는 정밀 기구이다(그림 1-1).

[2] 현미경의 종류와 용도

현미경은 그 구조, 배율 및 연구 목적에 따라 그 종류가 달라진다.

① 광학 현미경(light microscope)
일반 실험용, 정밀 연구용.

② 해부 현미경(stereo microscope)
현미경하에서 직접 각종 가검물을 놓고 조작하기 편리하게 만들어진 현미경. 10~20배로 확대율이 낮다. 일반 실험용, 학생 실습용.

③ 자외선 현미경(ultra violet microscope)
자외선 파장(0.2μ)을 이용하여 해상력을 높이기 위해 만든 현미경. 정밀 연구용.

④ 금속 현미경(metallugical microscope)
금속, 철광석을 연구하기에 편리하게 만들어진 현미경. 정밀 연구용.

⑤ 편광 현미경(polarizing microscope)

편광을 이용하여 가검물의 광학적 복굴절을 식별하는 현미경. 정밀 연구용.

⑥ 형광 현미경(fluoroscence microscope)
자외선에 의한 형광현상을 관찰하는 현미경

⑦ 위상차 현미경(phasecontrast microscope)
가검물의 광학적 두께(optical path)의 차로 생기는 상의 명암을 관찰하는 현미경. 정밀 연구용.

⑧ 전자 현미경(electron microscope)
전자선을 이용하여 그 진로상에 가검물을 놓아 생긴 상을 확대하여 보는 장치이다. 정밀 연구용.

⑨ 간섭 현미경(interference microscope)
광파 진로의 간섭작용으로 일어난 광로의 차로, 빛의 방향에 따라 형성된 간섭호(干涉縞)를 관찰할 수 있게 만든 현미경. 정밀 연구용.

[3] 현미경 작동에 대한 주의사항

현미경은 고도로 정밀화된 기구이다. 따라서 그 구조와 기능이 극히 미묘, 정확하므로, 취급시는 신중히 조심스럽게 작동해야 하며 항상 깨끗이 유지하여야 한다.

1) 보관상 주의할 점

사용한 후에는 항상 덮개를 씌워 두고 건조한 곳에 보관한다. 습기가 많은 곳에 방치하면 곰팡이가 생겨 렌즈를 흐리게 한다.
먼지는 현미경의 손상을 초래하는 원인으로 렌즈와 표본을 더러워지게 하는 요인이 된다. 오염된 렌즈는 반드시 렌즈 닦는 종이(lens paper)로 깨끗이 닦아 둔다. 렌즈 닦는 종이가 없을 때는 깨끗한 붓으로 렌즈에 묻은 먼지를 가볍게 털어 낸다.

2) 사용 전후의 주의사항

검경시 접안 렌즈나 대물 렌즈를 더러운 손수건이나 거즈(gauze) 등으로 닦아서는 안 된다. 렌즈에 손이 닿으면 손의 땀과 기름으로 오염되어, 곰팡이가 발육 번식하기 좋은 배지가 된다.

대물 렌즈의 분해를 금한다. 무리하게 분해하면 렌즈의 위치가 달라져서 해상력이 격감되어 사용하지 못하게 된다.
시야에 이물이 나타날 때는 접안 렌즈를 움직여 본다. 이물이 렌즈와 같이 움직일 때는 접안 렌즈에 이물이 붙어 있는 경우이며, 그렇지 않을 경우에는 표본에 이물이 붙어 있는 것이다.
산과 염류는 금속을 부식시키는 원인이 되므로, 생리적 식염수, 염류, 산 등의 약제가 재물대 케이블과 대물 렌즈에 닿았을 때는 즉시 증류수로 씻고 곧 마른 렌즈 닦는 종이로 닦는다.
유침 대물 렌즈 사용시는 표본면에 알맞게 cedar oil을 떨어뜨린다. 옆으로 들여다보며 대물 렌즈를 내려서 표본면에 닿을락 말락할 때 접안 렌즈를 조절하여 물체상을 명확히 한다. 검경이 끝나는 즉시 렌즈 닦는 종이에 xylene, benzen 등을 묻혀서 대물 렌즈를 가볍게 닦는다. 다시 깨끗한 렌즈 닦는 종이로 잘 닦아 여분의 xylene을 묻혀 낸다.

3) 검경시 주의사항

조준 장치를 가동하여 잘 조절하여도 상이 명확하게 나타나지 않을 때는 다음과 같은 경우가 많다.

① 접안 렌즈, 대물 렌즈가 오염되어 더러워졌을 때
② 덮개유리(cover glass)의 윗면이 더러워졌거나 지나치게 두터울 때
③ 봉입한 balsam량이 많을 때
④ 피검체가 지나치게 투명할 때
⑤ 미동 조준 장치를 지나치게 회전시켰을 때

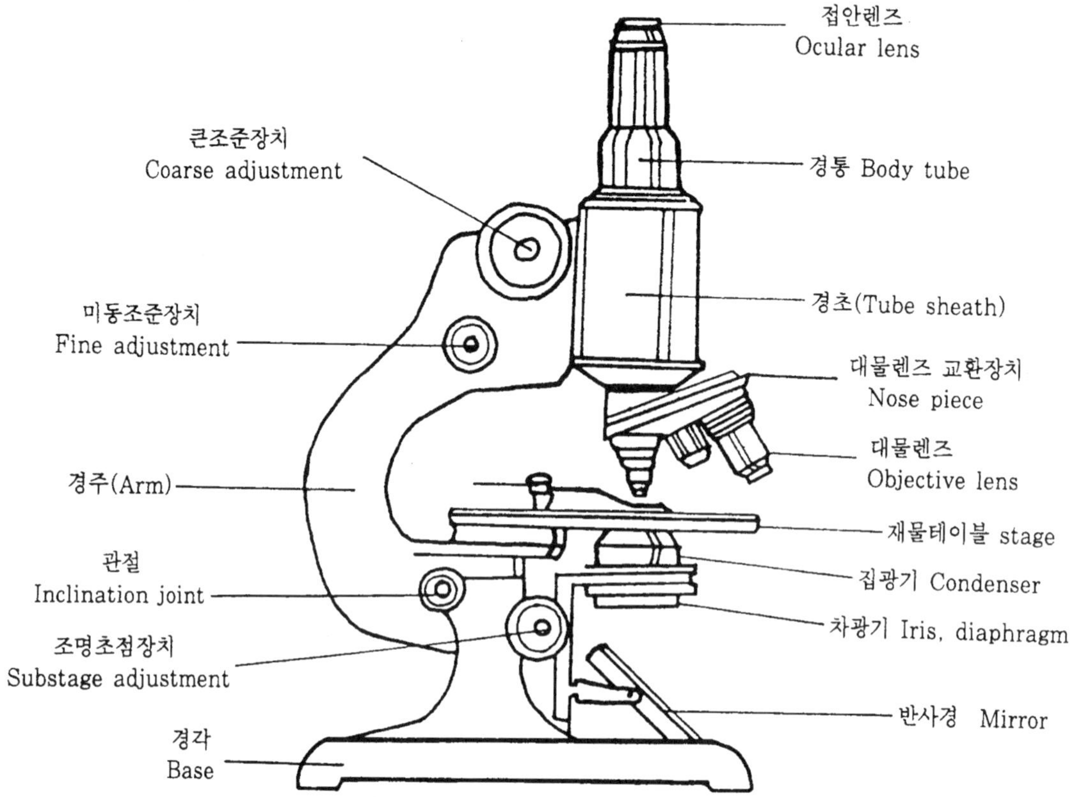
접안렌즈
Ocular lens
큰조준장치
Coarse adjustment
경통 Body tube
미동조준장치
Fine adjustment
경초(Tube sheath)
대물렌즈 교환장치
Nose piece
대물렌즈
Objective lens
경주(Arm)
재물테이블 stage
관절
Inclination joint
집광기 Condenser
차광기 Iris, diaphragm
조명초점장치
Substage adjustment
반사경 Mirror
경각
Base

그림 1.1 현미경의 구조

현미경적 계측법(Microscopic Measurement)

육안으로 측정이 불가능한 기생충의 충체, 충란, 포낭 등을 현미경으로 측정하여 종을 확실히 감별하고, 진단에 정확을 기하기 위하여 사용하는 방법 중의 하나이다.

1. 방법

1. 접안 렌즈에 접안 micrometer(ocular micrometer - 원판형의 유리에 1mm를 100등분한 눈금이 그려진 것으로 접안 렌즈에 삽입하여 사용한다)를 장치한다.
2. 현미경 재물대 위에 stage micrometer를 삽입한다. 이것은 stage micrometer 중앙에 1mm를 100등분하여 놓은 눈금이 있다.
3. 대물 렌즈를 저배율(×10)로 고정시키고 접안 렌즈를 돌려 두 micrometer의 눈금이 겹쳐지도록 조절한다(그림 1.2).
4. 접안 렌즈의 micrometer의 눈금이 몇 ㎛인가를 계산한다. 이 값을 접안 렌즈의 micrometer의 절대치라고 한다.

   예 : 49 ocular unit = 0.70mm
   1 ocular unit = 0.70 / 49 = 0.0143mm
   즉 1 ocular unit는 14.3㎛이다.

5. 이 절대치는 접안 렌즈를 바꿀 때마다 달라지므로 렌즈를 바꿀 때마다 같은 방법으로 고배율(×40), 유침렌즈(×100)로 바꾸어 눈금을 재고 측정한 값을 ocular micrometer의 눈금 수에 따라 표를 만들어 추후 사용하면 편리하다.
6. 측정하려는 검사물을 재물대 위에 놓고 물체의 길이를 접안 micrometer로 측정한다.
7. 측정한 길이에 절대치를 곱한다. 물체의 길이가 접안 렌즈에서 20 눈금이라면 길이는 14.3㎛(절대치) × 20 = 286㎛로 계산된다.

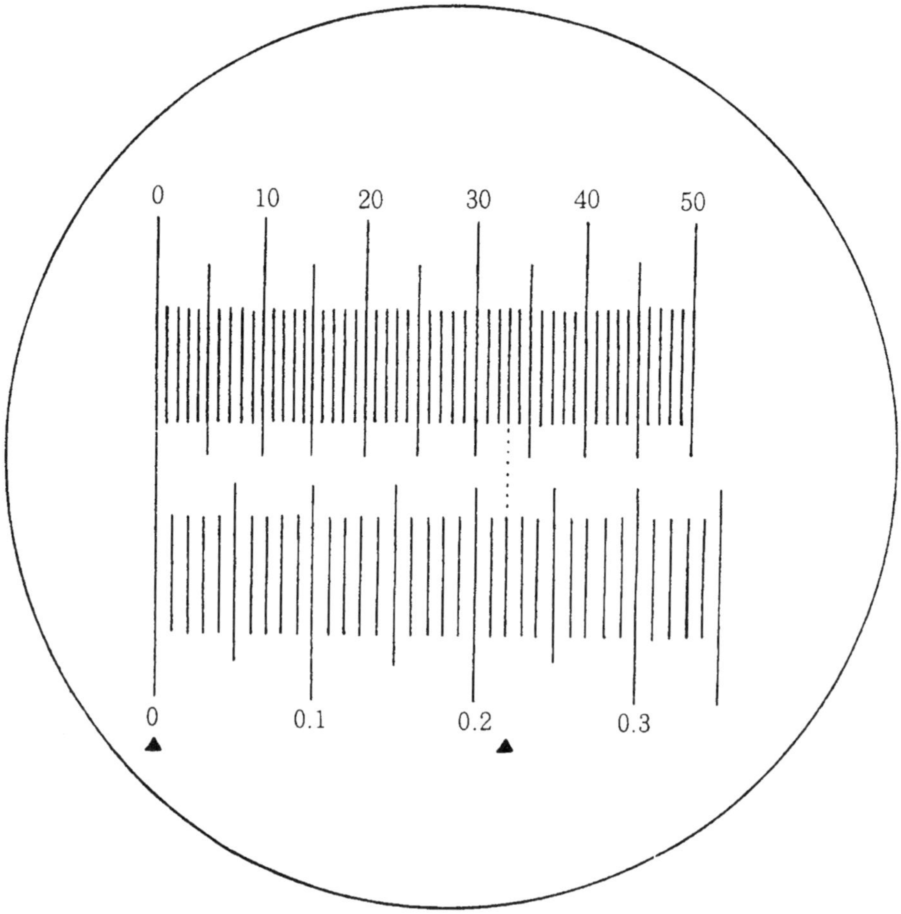

그림 1.2 Calibration of ocular micrometer

기생충 검사에 대한 주의 사항

기생충의 발견을 위한 검사 방법은 그 기생충의 침입부위, 기생부위 및 탈출경로 등이 특징에 따라 다르지만, 가장 빠른 시간 내에 간편한 방법으로 가장 정확한 결과를 얻어 내는데 중점을 두어야 할 것이다.
특히 진단을 위하여 유의하여야 할 사항들은 다음과 같다.

1. 기생충 검사물(가검물, specimens)의 채취, 부위, 채취량, 채취 시간 등이 제대로 정확히 실행되어야 한다.
2. 가장 적합한 검사 방법을 실행하여야 한다.
3. 결과에 대한 판단이 객관적인 실수나 오차 없이 정확히 내려져야 한다.

우리는 흔히 검사실에서 검사방법의 이론에만 치우친 결과, 정확한 검사방법에 의한 검사순서를 그대로 처리하여 얻은 결과를 보고함으로써 맡은 바 임무가 끝났다고 간단히 생각한다. 그리고 질병 진단에 대한 이론과 실제, 정성, 책임과 협조가 결여된 상태에서 고귀한 생명을 잃기도 하며, 1세기에 한 번 볼까 말까하는 희귀하고 중요한 기생충을 하수도에 쏟아 영원히 잃어버리는 일에 대해 생각을 못하는 경우가 많다.
또한 검사자의 경우 해박한 검사 지식뿐만 아니라 숙달된 검사 기술 또한 중요하다 할 것이다.
특히 검사자의 기술은 검사 진행상 생길 수 있는 실험오차(experimental error)와 검사자 자신의 심리적 요인에 의하여 생길 수 있는 심리적 오차(psychological variation), 그리고 검사 대상자인 환자에서 올 수 있는 생물학적 오차(biological variation)를 염두에 두어야 하며, 실험적 또는 심리적 오차는 검사자의 노력으로 줄일 수 있는 만큼 최대한의 노력을 쏟아야 할 것이다.

경희의료원 검사 보고서

LABB	기 생 충	☎8683
검	7 ○ Stool	
	3 ○ Stool	
	3 ○ Stool	
체	7 ○ Stool	
23CA	□ Helminth	
23CA	□ Helminth	
23CB	□ Protozoa	
23CC	□ C.S.ova count	
23CD	□ PW(Skin test)	
23CE	□ CS(Skin test)	
23CI	□ Scotch tape	
23CL	□ Apt	
23CM	□ pH	
23CK	□ Fat 정량	
23CH1	□ Immuno occult blood	
23CH	□ Occult blood(生化)	
23CN	□ Reducing Subs.	

가톨릭 의대 부속 성모병원 검사 보고서

CATHOLIC MEDICAL CENTER

ST. MARYS HOSPITAL LABORATORY Lab. No

Name	Sex	Age	Ward-Room	Chart No	Charge
Requested by Dr.		Date and Time Specimen Collected Time M. D.			
Specimen					
▫ Routine Stool Examination for Parasites					
▫ Color ▫ Consistency ▫ Helminths Ascaris lumbric Clonorchis sin. Enterobius vermi Hook worm Hymenol. n. &d. Paragonimus w. Taenia sol. & sag.		Trichocephalus tri. Trichostr. orient. ▫ Protozoa Ent. histoletica Entamoeba coli Endolimax nana Giardia lambia Iodamoeba butschlii Chilomastix mesnili		▫ Fresh stool for amoeba ▫ Occult blood ▫ Fat in feces ▫ Gelatin liq. test ▫ Scotch tape test ▫ Stool egg cont ▫ Blood smear for malaria ▫ Sputum parasite ▫ Vaginal swab for parasite	
Otehers					
Date of Report M.D. 19		Examined by		Rechecked by	

서울대학 병원 기생충 검사 보고서

PARASITOLOGY(기생충검사) (수납용)

Chart No.	Specimen Collection Date A.M P.M			Ward
Name Age Sex M F	Requested by	16	Charge	Special Fee
	Provisional Diagnosis			
Specimen : □ Stool □ Sputum	□ Bile □ Blood □ Others			
□ Helminths □ Ovum □ Larva □ Adults	a.l.	T.o.	P.w.	Taenia sp.
	H.w.	C.s.	E.v.	D.l.
	T.t.	S.s.	M.y.	H.n.
□ Protozoa □ cysts □ Trophozoites	Ent. hist.	Ent. coli		Iodamoeba büstchli
	Endolimax nana	Giardia lamblia		Other
□ C.s. ova count	□ E.P.G.		□ E.P.D.	
□ Skin test for □ P.w.	□ C.s			
□ Filaria □ Malaria □ Others (specify)				
□ Oecult blood	- ± +	++	+++	++++
Remarks			Date of Report 1980	Signature

02 조직 내 기생 선충류

장내 기생 선충류는 원주상, 충체의 양단은 뾰족하며 좌우 대칭성이다. 색은 유백색 담홍색으로 보이는 것이 많다. 크기는 몇 mm에서 30cm 이상 되는 것이 있고, 암컷과 수컷이 분리되어 있다(그림 2.1 참조).

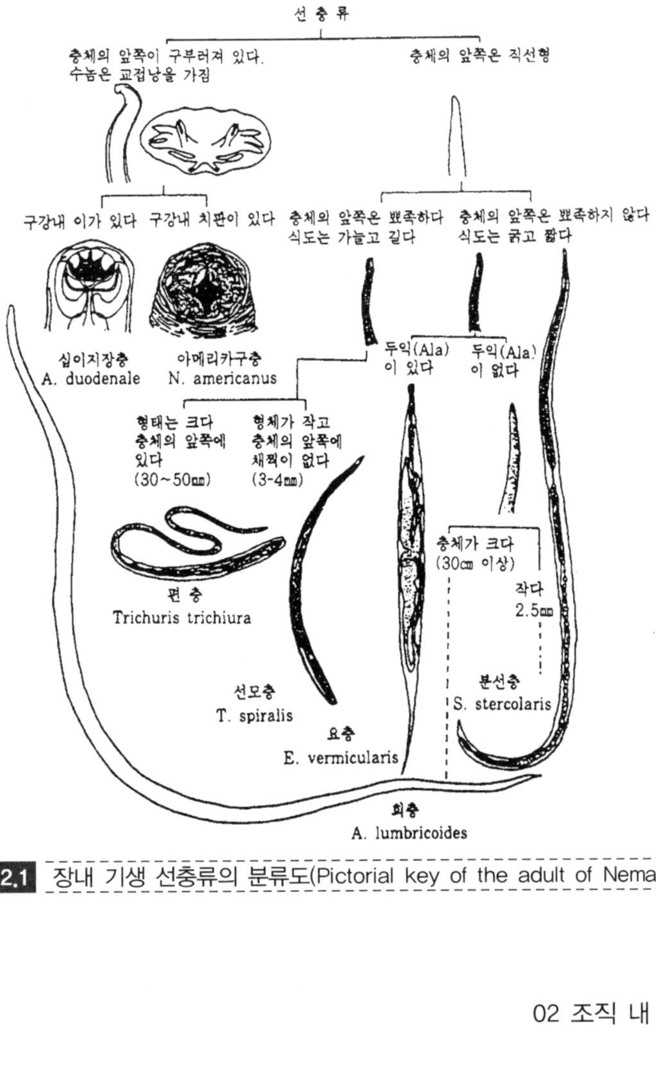

그림 2.1 장내 기생 선충류의 분류도(Pictorial key of the adult of Nematoda)

인체 기생 선충류의(성충)속 검사표
Key to the adult Nematoda of man

1. Worms with different regions of the body varying in diameter.
   Usually tapering toward the extremities ; usually found in the alimentary tract or embedded in th intestinal mucosa ········ **2**
   Worms long, slender, and thread-like throughout entire length; found in tissues of man, never in the intestine ········ **13**
2. Worms with a more or less slender, thread-like anterior region and a thicker posterior portion ; esophagus inconspicuous. with long posterior glandular cells ········ **3**
   Worms tapering to either end but never as above ; esophagus prominent, with heavily muscled posterior region and triradiate lumen ········ **4**
3. Large worms(female, 35 to 50mm; male, 30 to 45mm) with anterior end of body long & whip-like ········ 편충 *Trichuris trichiura*
   Small worms(female, 3 to 4mm; male, 1.4 to 1.6mm) with anterior end filari-form but not whip-like ········ 선모충 *Trichinella spiralis*
4. Anterior extremity markedly bent, males with a conspicuously widened copulatory bursa ········ **5**
   Anterior extremity straight or slightly curved, males with or without a copulatory bursa ········ **8**
5. Mouth armed with hook-lie teeth ········ **6**
   Mouth armed with cutting plates(female, 9 to 11mm; male, 5 to 9mm) ········ 아메리카 구충 *Necator americanus*
6. Two pairs of hook-like teeth ········ **7**
   Three well-developed pairs of hook-like teeth, the outermost the largest and the innermost the smallest(female, 14mm; male, 10mm) ········ 개구충 *Ancylostoma caninum*
7. Outer pair of teeth large ; smaller inner pair without accessory process (female, 9 to

11mm; male, 8 to 8.5mm) ······························ 브라질 구충 *Ancylostoma brazilliensis*

Teeth of equal size, the inner pair with a small accessory process(female, 10 to 13mm; male, 8 to 11mm) ······························ 십이지장충 *ancylostoma duodenale*

8. Small worms, less than 15mm in length, ······························ **9**

Large worms, more than 100mm in length(female, 200 to 350mm; male, 150 to 310mm); male with curved posterior end ······························ 회충 *Ascaris lumbricoides*

9. Anterior end of worm with conspicuous cervical alae; male without bursa copulatrix (female, 8 to 13mm; male, 2 to 5mm) ······························ 요충 *Enterobius vermicularis*

Anterior end of worm without cervical alae, male with or without bursa copulatrix ····· **10**

10. Very small worms, less than 2.5mm in length; male without bursa copulatrix(female, 1.8 to 2.2mm; male, 0.5 to 0.8mm) ······························ 분선충 *Strongyloides stercoralis*

Medium-sized worms, more than 3.5mm in length; male with bursa copulatrix ·········· **11**

11. Anterio end blunt; with mouth guarded by a circle of stout bristles(female, 12 to 16mm; male, 9.5mm) ······························ *Ternidens deminutus*

12. Spicules of male barbed(female, 5 tor 7mm; male, 4 to 5mm) ······························ 동양모양 선충 *Trichosstrongylus orientalis*

Spicules of male pointed(female, 5 to 6mm; male, 4 to 5mm) ······························ *Trichostrongylus colubriformis*

13. Cuticle with raised nodules or striations ······························ **14**

Cuticle smooth ······························ **15**

14. Cuticle with nodules or minute bosses(female, 50 to 70mm; male, 30 to 35mm) ······························ 로아 사상충 *Loa loa*

Cuticle with annular striation(female, 115 to 700mm. male, 20 to 40mm) ······························ 회선 사상충 *Onchocerca volvulus*

15. Females very long(500 to 1200mm); males rarely found, deep in tissues(12 to 29mm) ······························ 메디나충 *Dracunculus medinensis*

Females less than 120mm, in length; males rarely found ······························ **16**

16. Tail of female bluntly rounded ······························ **17**

Tail of female with appendages ······························ **18**

17. Tail of male ends in sharp curve(female, 80 to 100mm; male, 40mm) ······························ 반크롭트 사상충 *Wuchereria bancrofti*

Tail of male ends in about three spiral coils(female, 55mm; male, 22 to 23mm) ··········
··· 말레이 사상충 *Brugia malayi*

18. Tail of female bifurcated; head with cuticular shield(female, 70 to 80mm; male, 45mm) ··
·· 펄스탄 사상충 *Mansonella perstans*

Tail of female with two fleshy appendage; head unarmed(female, 65 to 80mm; size of male not known) ·· 체강 사상충 *Mansonella ozzardi*

인체 기생 윤충류의 유충 분류 검사표
Key to the Larval forms Helminths of man

1. Larval form of a nematode, a thread-like cylindrical worm most commonly recovered from feces, blood, or sputum, in only a few cases from tissues ······ **3**
   Larval form of a cestode, a round, oval, or amorphous body usually with a typical tapeworm scolex, opten showing hooks and suckers; almost alsays recovered by tissue biopsy, rarely from sputum, never from feces or blood ······ **19**

2. Larvae-forms in which some of the internal organs, usually the intestine, can be demonstrated ······ **3**
   Microfilariae-forms in which the internal organs are in an embryonic state of development, being represented by configuration of body nuclei ······ **14**

3. Larvae recovered from feces or by fecal culture ······ **4**
   Larvae recovered from other excreta or from tissue ······ **11**

4. Esophagus rhabditiform or pseudorhabditiform in type ······ **5**
   Esophagus filariform or psedofilariform in type ······ **8**

5. Tail short, ends in a point ······ **6**
   Tail long, filamentous, usually ending in a minute knob ··· Trichostrongylus species

6. Esophagus with only a posterior muscular bulb; genital primordium large or small ······ **7**
   Esophagus with a median and posterior muscular bulb; genital primordium small, about 20μm in length; size, 0.2 to 0.3mm ······ *Rhabditis* species

7. Buccal cavity short, about equal to body width in length; genital primordium small, about 35μm in length; size, 0.2 to 0.25mm ······ 분선충 *Strongyloides stercoralis*
   Buccal cavity longer than body wide genital primordium small, about 20μm in length; size, 0.2 to 0.3mm ······ Ancylostoma species, 아메리카 구충 *Necator americanus*

8. Tail smooth ······ **9**
   Tail tuberculated ······ *Trichostrongylus* species

9. Tip of tail ends in sharp point; genital primordium near middle of body ···················· **10**
Tip of tail minutely notched; genital primordiu behind middle of body; size, 0.5 to 0.7mm ·· 분선충 *Strongyloides stercoralis*

10. Head slightly flattened; without definite constriction at the esophageal-intestinal junction; esophageal spears unequal and inconspicuousl size, 0.6 to 0.8mm ·· 두비니 구충 *Ancylostoma duodenale*
Head not flattend; with marked constriction at esophageal-intestinal junction; esophageal spears equal and conspicuous size, 0.6 to 0.8mm ········· 아메리카 구충 *Necator americanus*

11. Larvae recovered from sputum ··· **12**
Larvae recovered from spinal fluid, blood, or tissue ··· **13**

12. Esophagus rhabditiform in type; size, 0.3 to 2mm ························ 분선충 *Strongyloides stercoralis*, 회충 *Ascaris lumbricoides*(See couplet 7 for differentiation of species)
Esophagus filariform in type; size, about 0.7mm ···
Ancylostoma species 아메리카 구충 *Necator americanus*, *Strongyloides stercoralis* (rare) (See couplet 9 for differentiation of species)

13. Larvae recovered by muscle biopsy(size, 0.1 to 1mm) or rarely from blood or spinal fluid(size, about 0.1mm) ··· 선모충 *Trichinella spiralis*
Lavae recovered from fluid taken from skin blister; size, about 0.6mm ·· 메디나충 *Dracunculus medinensis*

14. Microfilariae in blood, rarely in fluid aspirated from a hydrocele of lymph gland ····· **15**
Microfilariae in fluid aspirated from a skin nodule, or teased out from a skin snip; size, 150 to 370㎛ ··· 회선 사상충 *Onchocerca volvulus*

15. Microfilariae with sheath ··· **16**
Microfilariae lacking sheath ·· **18**

16. Body nuclei do not extend to tip of tail; on stylet; lies in smooth sweeping curve; size, 230 to 300㎛ ··· 반크롭트 사상충 *Wuchereria bancrofti*
Body nuclei extend to tip of tail; lies in irregular kinky coils ··································· **17**

17. Tip of tail swollen at region of last two nuclei; head not flattened; two stylets; size, 175 ot 250㎛ ·· 말레이 사상충 *Brugia malayi*
Tip of tail tapers to point; head flattened, on stylet; size, 250 to 300㎛ ·· 로아 사상충 *Loa loa*

18. Body nuclei extend to tip of tail; size, 190 to 200㎛ ·· 펄스탄 사상충 *Mansonella perstans*

Body nuclei do not extent to tip of tail; size, 185 to 200㎛ ·· 체강 사상충 *Mansonella ozzardi*

19. Larvae with hooklets and suckers; usually round or ovar ······································· **20**

Larvae with anterior invagination without suckers or hooklets; usually elongated ribbon-like(plerocercoid or sparganum); size, about 3 to 30mm ·· *Diphyllobothrium* species

20. Larvae with single bladder and scolex armed with hookles(cysticercus); size, about 10×5mm ·· 유구조충 *Taenia solium*

Larvae with many bladders and many armed scolices(echinococcus or hydatid); usually single scolices are receivered which are about 150㎛ long ·· 단방조충 *Echinococcs granulosus*

실습 01

회충 (*Ascaris lumbricoides*)

실시일 : ______ 학번 : ______ 성명 : ______

1. 목표

1. 회충을 해부하여 그 장기를 구분해서 도시할 수 있어야 한다.
2. 회충의 성충과 수정란 및 미수정란을 도시할 수 있어야 한다.
3. 유충 내장이행증에서 야기되는 조직의 병리학적 소견을 기술할 수 있어야 한다.
4. 개회충의 충란을 형태학적으로 도시할 수 있어야 한다.

2. 형태

사람에게 기생하는 장내 선충으로 제일 크다. 신선한 충체의 색은 담홍색이고, 크기는 암수에 따라 차이가 있다. 수컷의 크기는 15~31cm, 암컷의 크기는 20~35cm이며, 충체의 전단에는 3개의 구순(lip)이 있다. 수컷의 꼬리 부분은 원추상으로 복측으로 말려 있으며, 2개의 교미침(spicule)이 있다.
돼지 회충(*Ascaris suum*)은 도살장에서 얻을 수 있다.
사람의 회충은 구충제를 투약한 환자로부터 얻어야 한다.
회충의 충란은 고형변에서 원심 침전법으로 충란을 집란하여 검경한다.
회충의 내부 구조를 관찰하기 위하여 회충의 측선(lateral line; 검은 선으로 나타난다)을 예리한 칼로 절개하여 개장한 후 내부에 분포하고 있는 장기를 관찰한다(그림 2.2). 충란은 수정란(fertilized egg)과 미수정란(unfertilized egg)의 두 가지가 있다. 수정란의 크기는 50~70 × 35~50㎛로 신선변 내에서는 담즙색소에 착색되어 황갈색으로 보이며 직접 도말법이나 집란법으로 집란하면 각종 단계의 충란이 나타난다. 충란벽은 3층으로, 외부로부터 단백막(protein coat), 키틴막(chitin coat), 지질막(lipoid layer)으로 되어 있다.
미수정란은 장타원형으로 크기는 80~90×45㎛이며, 난 내에 난세포가 없으면 크기를 달리하는 과립들이 차있고 키틴막이 얇다. 이것은 감염성이 없고 투약 후에 흔히 나타난다.

3. 재 료

1. 회충의 성충
2. 해부기구
3. 널빤지, Foil

4. 표 본

1. 회충의 구순 표본
2. 개회충의 식도부위 횡단면 조직 표본
3. 회충의 중간부위 횡단면 조직 표본
4. 유충 이행증의 조직 표본
5. 회충의 충수돌기염 조직 표본

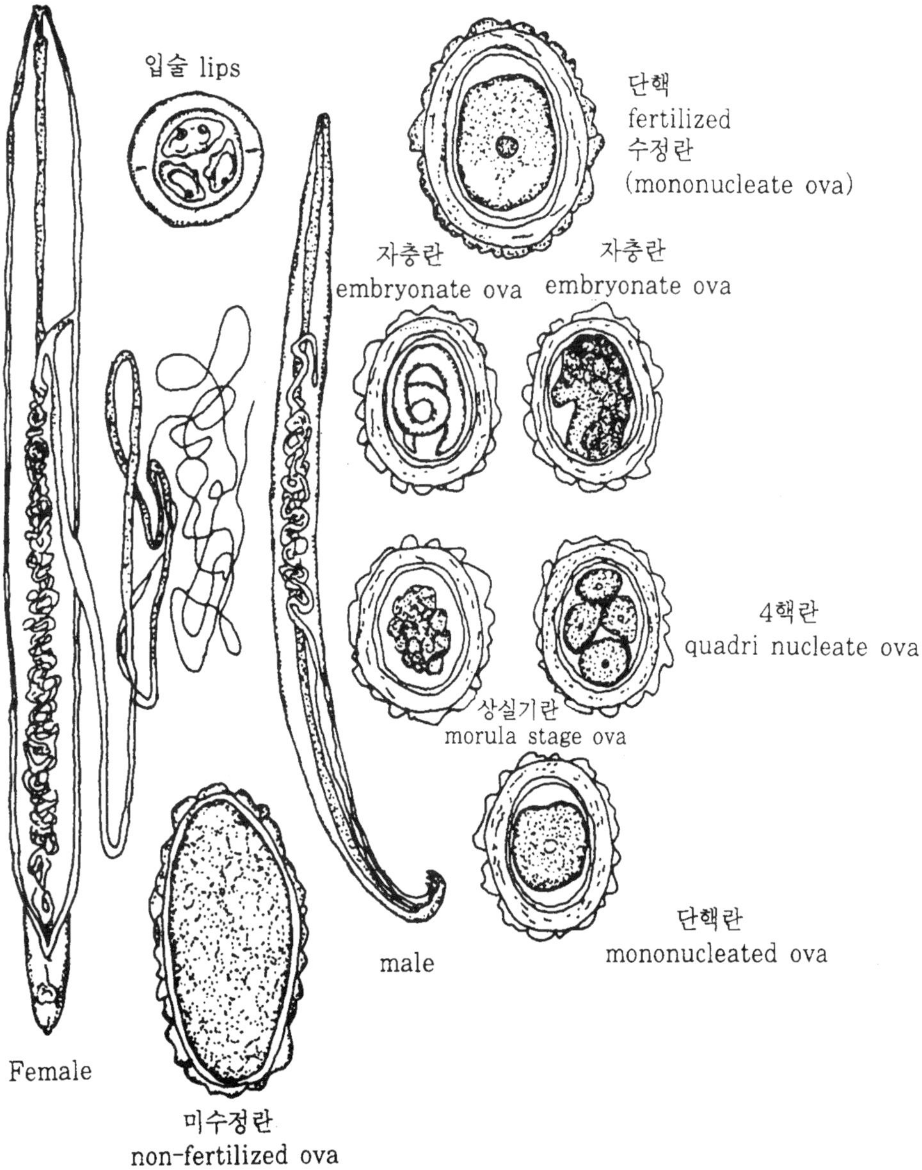

그림 2.2 회충 (*Ascaris lumbricoides*)

실 습 02

요 충

(*Enterobius vermicularis*)

실시일 : ______ 학번 : ______ 성명 : ______

1. 목 표

1. 요충의 성충 및 충란을 형태학적으로 도시할 수 있어야 한다.
2. 항문도말법의 수기를 정확히 습득하여 요충증을 진단할 수 있어야 한다.

2. 형 태

요충은 희고 가는 충체로서 암컷은 꼬리가 뾰족하며, 수컷은 꼬리가 말려져 있다. 수컷의 크기는 2~5mm, 암컷의 크기는 8~13mm이다. 체 전단에 두익(cephalic alae)을 가지고 있고, 뚜렷한 식도구(esophageal bulb)가 관찰된다. 충란의 크기는 50~60 × 20~30㎛이고 무색이며, 한 쪽은 편평하고 다른 쪽은 굽어 있어 감씨 모양으로 보인다. 난각은 2층으로 되어 있으며 그 속에는 유충이 들어 있다(그림 2.3 참조).

3. 주의 사항

광량이 많아 너무 밝으면 항문 도말표본(anal swab)에서 충란을 보기 어려우므로 광량을 적당히 조절할 것.

4. 표 본

1. 요충의 암수 표본

2. 요충의 충수돌기염 조직 표본

3. 요충의 충란 scotch tape 표본

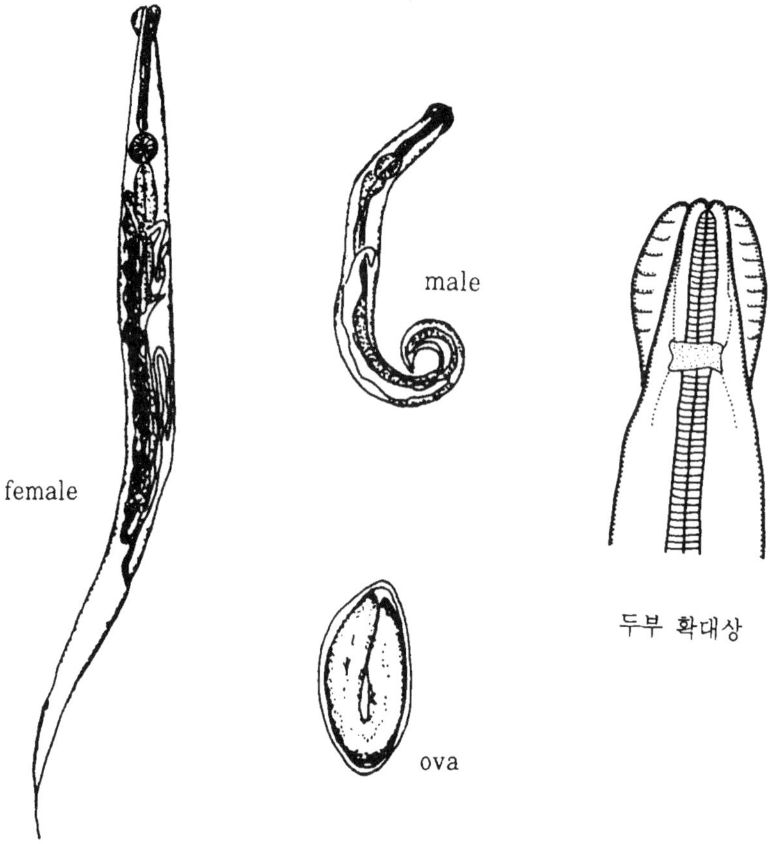

그림 2.3 요충(*Enterobius vermicularis*)

실 습 03

구충
(*Hook worm*)

실시일 : ______ 학번 : ______ 성명 : ______

사람에게 기생하는 두비니 구충(*Ancylostoma duodenale*)과 아메리카 구충(*Necator americanus*) 두 종류를 합하여 일반적으로 구충(Hook worm)이라 한다.

1. 목 표

1. 두비니구충과 아메리카구충의 성충을 형태학적으로 구별할 수 있어야 한다.
2. 두비니구충란을 동양모양선충란과 감별할 수 있어야 한다.
3. 구충류의 사상유충과 간상유충을 구별할 수 있어야 한다.

2. 형 태

두비니 구충이 아메리카 구충보다 대체적으로 크다.
두비니 구충의 크기 : 암컷 9~15mm, 수컷 5~11mm
아메리카 구충의 크기 : 암컷 7~9mm, 수컷 9~11mm
두비니 구충의 구강 내에는 2쌍의 치아가 있고, 아메리카 구충의 구강 내에는 1쌍의 치판이 있어 구강낭(buccal cavity)의 구조로 감별한다. 또한 수컷의 교접낭(copulatory bursa)에 있는 배측늑조(dorsal costae)의 분지상태로 두 구충이 감별된다.
충란은 난원형이며 두비니 구충란의 크기는 60×40㎛, 아메리카 구충란은 70×38㎛로, 아메리카 구충란이 약간 크지만 실제 개개의 충란에 대해서 구별하기는 힘들다. 난각은 얇고 난세포는 보통 4개이다.

3. 표 본

1. 두비니 구충의 성충 표본
2. 아메리카 구충의 성충 표본
3. 개구충의 성충 표본

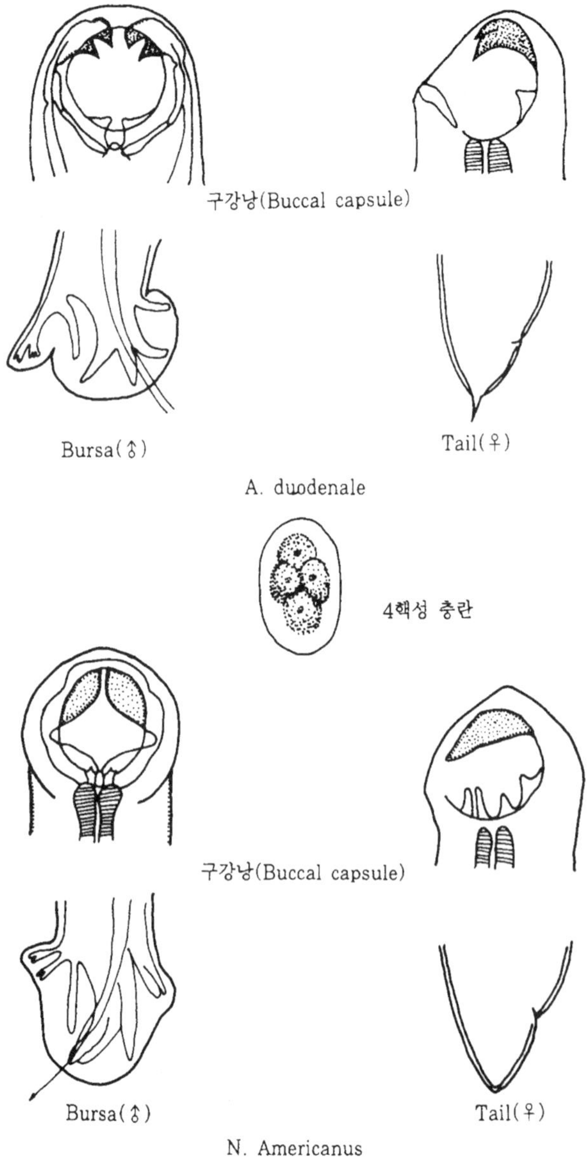

그림 2.4 구충(*Hook worm*)

실 습 04

동양모양 선충

(*Trichostrongylus orientalis*)

실시일 : ______ 학번 : ______ 성명 : ______

1. 목 표

1. 동양모양선충의 성충을 형태학적으로 도시할 수 있어야 한다.

2. 형 태

반투명 회백색 충체로서 아주 가늘고 긴 털 모양을 하고 있다. 암컷은 4.9~6.7×0.075~0.09mm의 크기이며, 자궁 내에는 보통 15~20개의 충란이 일렬로 배열되어 있다. 수컷은 3.8~4.8 × 0.07mm이며, 후단에 교접낭과 잘 발달된 갈색의 특이한 2개의 교미침이 있다.

충란은 긴 타원형으로 크기는 75~91 × 47㎛이고, 보통 상실기 상태로 배출되며 난 속에 많은 난세포가 차있다(그림 2.5 참조).

3. 표 본

1. 동양모양선충의 암수 표본

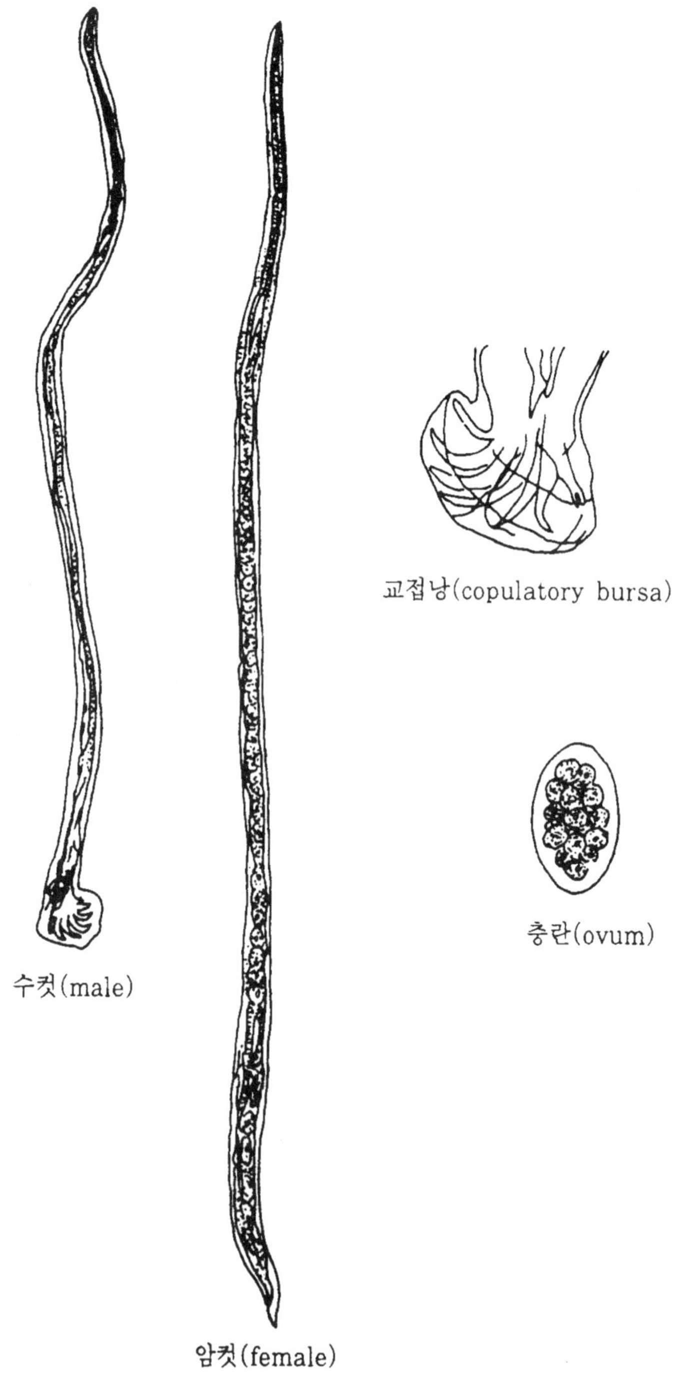

그림 2.5 동양모양 선충(*Trichostrongylus orientalis*)

실 습 05

분선충
(*Strongyloides stercoralis*)

실시일 : 학번 : 성명 :

1. 목 표

1. 조직 내의 분선충 감염을 식별할 수 있어야 한다.

2. 형 태

형태는 자유 세대, 기생 세대에 따라 차이가 있다. 기생 세대에는 암컷 충체만 발견된다.
충체의 크기는 2.2~2.5×0.03~0.05mm로 식도가 긴 원통형으로 생겼으며, 자궁내 충란은 8~12개로서 한 줄로 배열되어 있다. 이 암컷은 소장 점막 내에 기생하며 50~58 × 30~34㎛의 자충포장란(embryonated egg)을 하루에 20~30개씩 배출한다.
조직 내에서 산란 후 즉시 간상유충으로 부화되어 장강 내로 이동되기 때문에 대변 내에서는 간상유충이 발견된다. 간상유충은 225×16㎛의 크기이며 구강과 식도가 짧다. 사상유충은 550㎛의 크기이며, 미단이 둘로 갈라진 뚜렷한 파열부(cleft)가 있는 것이 특징이다.

3. 표 본

1. 분선충의 사상형 유충 표본
2. 분선충의 간상형 유충 표본
3. 분선충의 감염 장조직 표본

RHABDITIFORM LARVAE OF INTESTINAL NEMATODES

Characters	Strongyloides stercoralis	Ancylostoma & Necator
Size (in microns)	200~250 (in stool); usually 225	250~300 (When hatched) usually 275
Buccal Cavity (length)	10 microns (shorter than body width)	20 microns (longer than body width)
Gential Primordium	Large; about 35㎛	Small; about 20㎛
Tail Tip	Short; bluntly pointed	Short; sharply pointed

FILAFIFORM LARVAE OF INTESTINAL NEMATODES

Characters	Strongyloides stercoralis	Ancylostoma & Necator
Size(in microns)	500~700	About 800
Gential Primordium	Behind middle of body	Neat middle of body
Esophagus Length	2~5th body length; narrow throughout length	1~4th body length; slight pos. bulb
Tail Tip	Minutely notched	Pointed

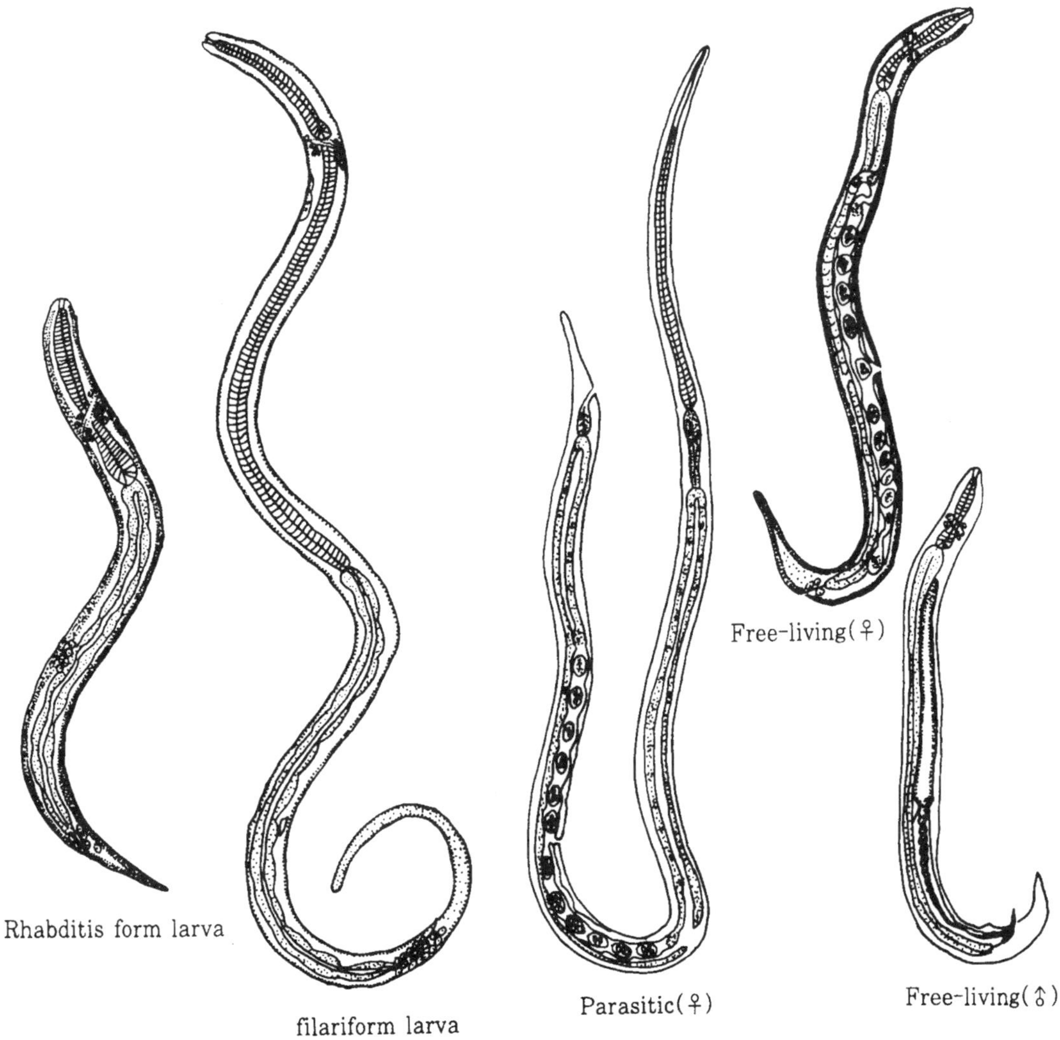

그림 2.6 분선충의 유충(*Strongyloides stercoralis*)

실 습 06

편 충

(*Trichuris trichiura*)

실시일 : ______ 학번 : ______ 성명 : ______

1. 목 표

1. 편충의 성충 및 충란의 형태학적 특징을 도시할 수 있어야 한다.

2. 형 태

편충의 앞쪽 3/5은 채찍 줄 모양과 같이 실 모양으로 가늘고, 이 곳에는 단일세포가 연쇄상으로 구슬줄처럼 연결된 식도부가 있으며, 뒤쪽은 굵고 채찍의 손잡이와 같은 모양으로 장관 및 생식기관이 있다.

크기 : 암컷 45~50mm, 수컷 30~45mm

충란은 술통(barrel shape) 모양으로 크기는 0.05×0.023mm이며, 난황막 이외의 2층의 난각이 있다. 이 곳은 담즙으로 염색되어 황갈색으로 보이나, 양쪽 끝은 착색되지 않은 점막전(mucoid plug)이 돌출되어 투명하게 나타나 보인다.

3. 표본 Slides

1. 편충의 성충 표본
2. 편충의 충수돌기염 조직 표본

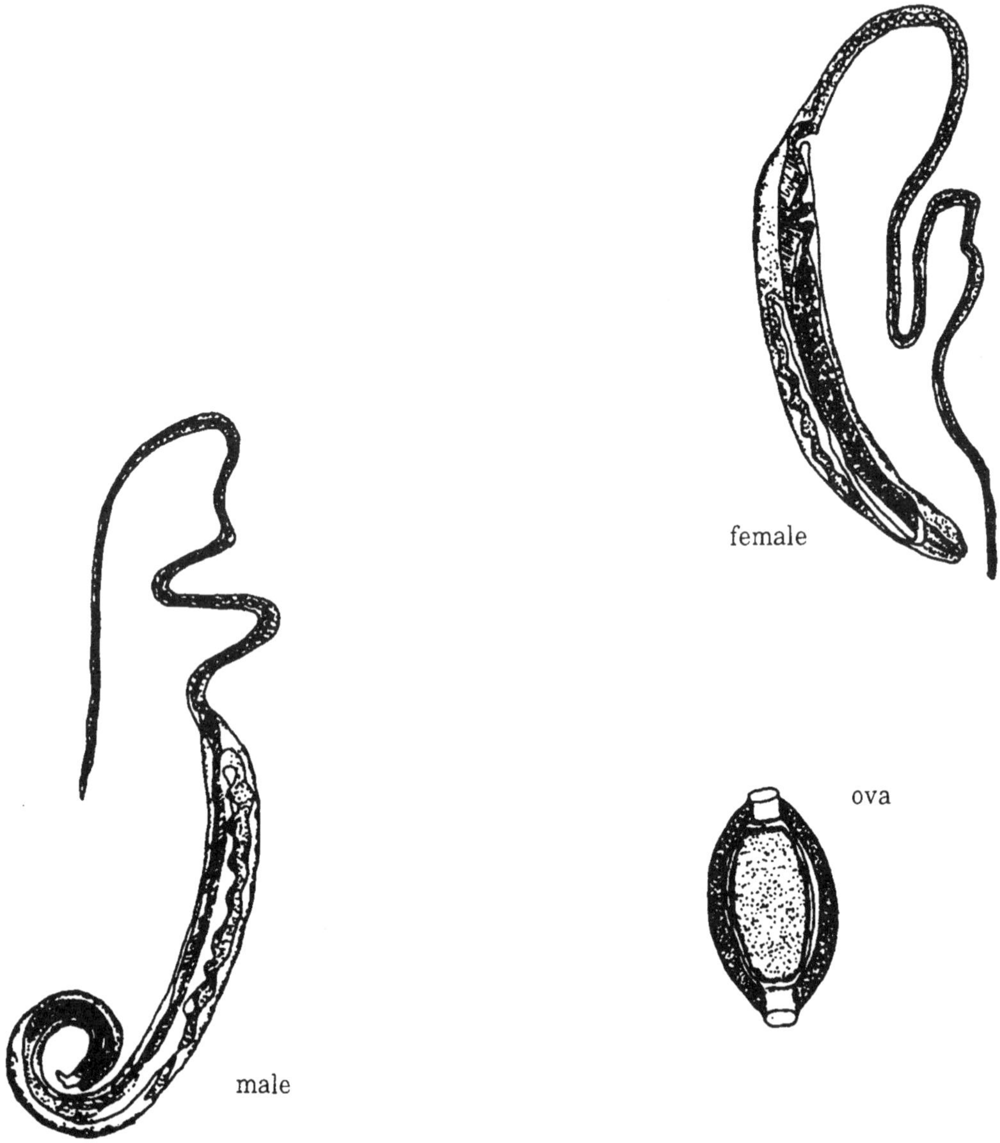

그림 2.7 편충(*Trichuris trichiura*)

실 습 07

선모충

(*Trichinella spiralis*)

실시일 : ______ 학번 : ______ 성명 : ______

1. 목 표

1. 선모충의 성충 및 자충의 형태학적 특징을 기술할 수 있어야 한다.
2. 근육표본에서 피낭유충(encysted larva)을 식별할 수 있어야 한다.

2. 형 태

우리나라에서도 감염이 보고된 선충이다. 미국에서는 매년 30여만 명이 감염된다고 한다.
모양은 가늘고, 실 모양을 한 상당히 작은 회백색 충체이다. 크기는 수컷이 1.5mm이며, 미단에 2개의 교접자가 존재한다. 암컷은 3~4m의 크기로 자궁 앞쪽 부분에 유충이 들어 있고 태생을 한다.
모충으로부터 태생된 유충들은 0.1mm 정도이나, 0.9~1.3mm까지 자란 성숙한 유충은 숙주 근육에서 coil 모양으로 피포(encysted larva)된다.

3. 표본 Slides

1. 선모충의 조직 표본
2. 선모충의 암·수 표본
3. 선모충의 근육 조직표본내

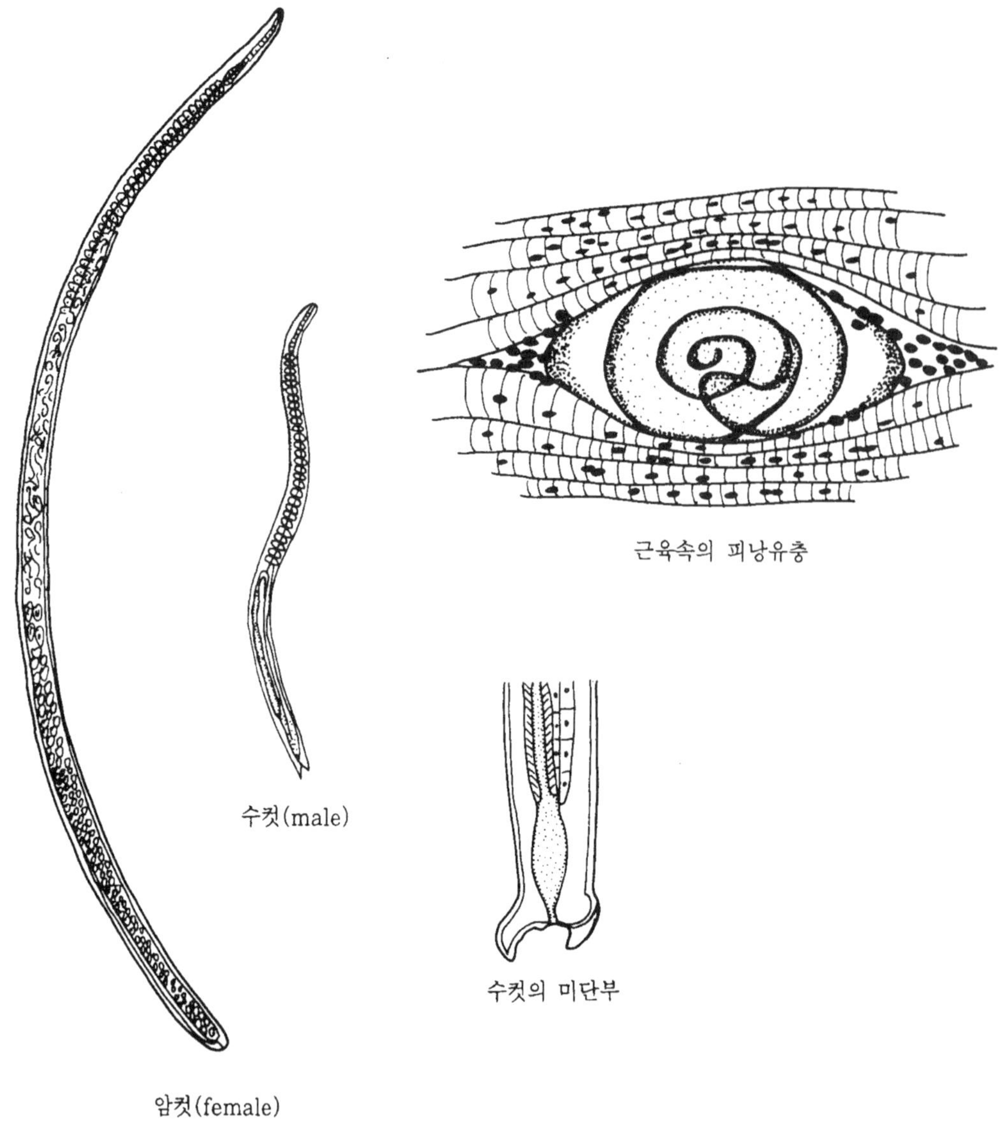

그림 2.8 선모충의 자충(*Larval forms of Trichinella spiralis*)

실 습 08 간모세선충(*Capillaria hepatica*) 장모세선충(*Capillaria philippinensis*)

실시일 : 학번 : 성명 :

1. 목 표

1. 간모세선충의 충란을 편충의 충란과 식별할 수 있어야 한다.

2. 형 태

성충은 편충처럼 생겼으며 쥐의 간 실질 조직 내에 매몰되어 기생하고 있으므로, 크기와 형태 및 색깔에 대한 정밀한 기록은 없다.
충란도 간 실질 조직 내에 산란하는 관계로 변 검사시 충란을 확인하기도 곤란하다.
조직 검사 시에 발견된다.
충란의 크기는 60×30㎛이며 편충란과 흡사하다. 난각은 평활하지 못하고 광학적으로 방사상 무늬(radial structure)가 확실히 나타난다. 양단에 점막전이 있어 투명하게 보이나 돌출되어 있지 않다.
(참고) 이 충란과 거대신충(*Dioctophyma renale*)의 충란이 유사하다.

3. 표본 Slides

1. 간모세선충의 조직 표본
2. 장모세선충의 조직 표본

그림 2.9 간모세선충의 충란(*Ovum of Capillaria hepatica*)

실 습 09

광동주혈선충

(*Angiostrongylus cantonensis*)

실시일 : ______ 학번 : ______ 성명 : ______

1.목 표

1. 광동주혈선충의 성충을 식별할 수 있어야 한다.

2. 형 태

종숙주인 집쥐, 생쥐, 들쥐 등의 폐동맥, 폐, 심장 등에서 성충이 발견되며, 인체 내에서는 미성숙 혹은 성숙 충체로 전두엽을 포함한 대뇌와 소뇌 등에서 호산구성 수막염(eosinophilic meningoencephalitis)의 원인이 된다.

중간숙주는 아프리카 달팽이, 민달팽이 및 일본의 민물보리새우 등이다. 우리나라에서는 사모아에서 조업중, 아프리카 달팽이(*Achatina fulica*)를 날로 먹고 감염된 우리나라 선원 15명 중 1명이 사망한 예가 있으나 우리나라에 토착적으로 발생하지는 않는다.

암컷의 크기는 21~25×0.30~0.36mm이며, 혈액을 먹은 장을 자궁이 나선상으로 감고 있어 얼룩무늬가 보이는 것이 특징이다. 수컷은 15.9~19 × 0.26mm의 크기로 미단에 작은 교접낭이 있고 한 쌍의 교접침이 있다.

3. 표본 Slides

1. 광동주혈선충의 뇌 조직 표본
2. 광동주혈선충의 성충 표본

실 습 10

고래회충
(*Anisakis simplex*)

실시일 : ______ 학번 : ______ 성명 : ______

1. 목 표

1. 생선에서 고래회충 유충을 찾아 식별할 수 있어야 한다.

2. 형 태

고래회충의 성충은 해양 포유류들에 기생하는 회충류로 제1 중간숙주는 plankton 등이고 제2 중간숙주는 해산어류인 대구, 고등어, 명태, 오징어, 조기, 삼치 등이다. 이들 해산어류를 날 것으로 먹을 때 인체 감염을 일으킨다.
유충은 1~3cm의 크기로 머리부위에 돌기(boaring tooth)가 있고, 꼬리 부위에 조그마한 가시(mucron)가 있다. 특히 식도와 장의 연결 부위에 장이 중첩된 것과 같은 모양의 위맹낭(ventricular appendix), 장맹낭(intestinal coecum)의 형태로 종을 구별한다. 측선이 분기되어 있는 것이 특이하다.

3. 주의 사항

Glycerin - Jelly mounted slide는 절대 겹치지 말 것.

4. 재 료

1. 어류 (고등어 등)
2. 널빤지, foil
3. 해부기구

4. Petri dish, 생리 식염수

5. 표 본

1. 고래회충 유충의 표본
2. 고래회충 유충의 중간부위 횡단면 조직 표본

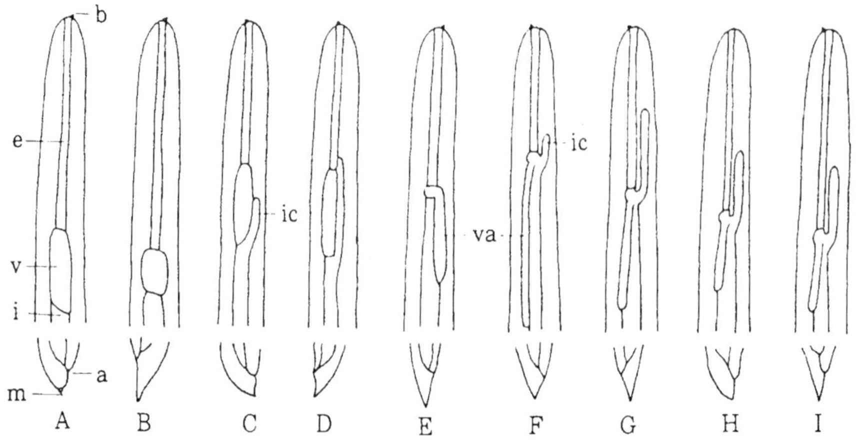

그림 2.10 각 유충의 주요 감별점

표 2-1 유충의 종과 보유어와의 관계

유충 분류	어 명
Anisakis I type	대구, 명태, 방어, 고등어, 청어, 오징어
Anisakis II type	숭어, 방어
Anisakis III type	방어, 뱀장어, 명태
Anisakis IV type	대구, 명태
Teranova A type	대구
Teranova B type	정강어
Raphidascaris or Rhaphidascarioides	정강어
Thymascaris Contracoecum A type	정강어
Thymascaris Contracoecum B type	대구, 명태
Thymascaris Contracoecum C type	송어
Thymascaris Contracoecum D type	청어, 정강어, 고등어

실 습 **11**

동양안충

(*Thelazia callipaeda*)

실시일 : ______ 학번 : ______ 성명 : ______

1. 목 표

1. 동양안충의 성충을 형태학적으로 감별할 수 있어야 한다.

2. 형 태

성충은 크림색으로 전단에는 키틴질로 된 원형의 구강낭이 있다.

크기는 암컷 6.2~17 × 0.3~0.85mm, 수컷 4.5~13 × 0.25~0.75mm로, 미단이 현저히 말렸고 2개의 교접침이 있다. 생활사는 아직 분명하지 않으며 절지동물이 중간숙주가 될 것으로 추정된다. 종숙주는 개로서 결막에 기생하며 때로는 집토끼, 사람에게서 발견된다.

3. 표본 Slides

1. 동양안충의 표본

혈액 및 조직에 기생하는 선충류

인체에 기생하는 중요한 사상충과(Filariae)에 속하는 말레이 사상충(*Burgia malayi*), 반크롭트 사상충(*Wuchereria bancrofti*), 로아 사상충(*Loa loa*), 회선 사상충(*Onchocerca volvulus*), 체강 사상충(*Mansonella ozzardi*)과 개의 우심실과 폐동맥에 기생하는 개 심장 사상충(*Dirofilaria immitis*) 등에 대하여 실습하기로 한다.

사상충류(Filaria)

실습 12 말레이 사상충(*Brugia malayi*)과 반크롭트 사상충(*Wuchereria bancrofti*)

실시일 : ______ 학번 : ______ 성명 : ______

1. 목 표

1. 말레이 및 반크롭트 사상충의 피초유충(microfilaria)을 식별할 수 있어야 한다.
2. 로아 사상충 및 기타 사상충류의 피초유충을 식별할 수 있어야 한다.
3. 사상충류의 성충을 식별할 수 있어야 한다.
4. 사상충증의 진단을 위하여 올바른 채혈시기 및 방법을 선택하여, 혈액도말 검사법을 시행할 수 있어야 한다.

2. 형 태

말레이 사상충은 백색 실 모양을 한 선충이다. 수컷의 크기는 25×0.6mm이고, 암컷의 크기는 60×0.2mm이다. 사람의 임파선과 임파관 중에 기생한다. 매개체는 도고 숲모기(*Aedes togoi*)이다.

반크롭트 사상충은 말레이 사상충과 유사하며 백색 실 모양을 한 선충이다.

- 수컷의 크기 : 40×0.1mm
- 암컷의 크기 : 65~100×0.2~0.3mm
- 기생 부위 : 임파선 임파관
- 매개체 : 붉은 집모기(*Culex pipiens*), 학질 모기(*Anopheles sinensis*). 충란을 발견할 수 없으며 microfilaria를 태생한다.

3. 주의 사항

유침렌즈는 사용하지 말고 고배율에서 sheath와 nerve ring의 유무 및 위치를 확인하고 side가 파손되지 않게 조심한다.

4. 재 료

1. 채혈 및 혈액 도말 검사법 준비 (실험법 참조)

5. 표본 Slides

1. 말레이 사상충증 도말 표본
2. 반크롭트 사상충증 도말 표본
3. 티모르 사상충증 도말 표본
4. 말레이 사상충증 도말 표본
5. 로아 사상충증 도말 표본
6. 펄스탄 사상충증 도말 표본

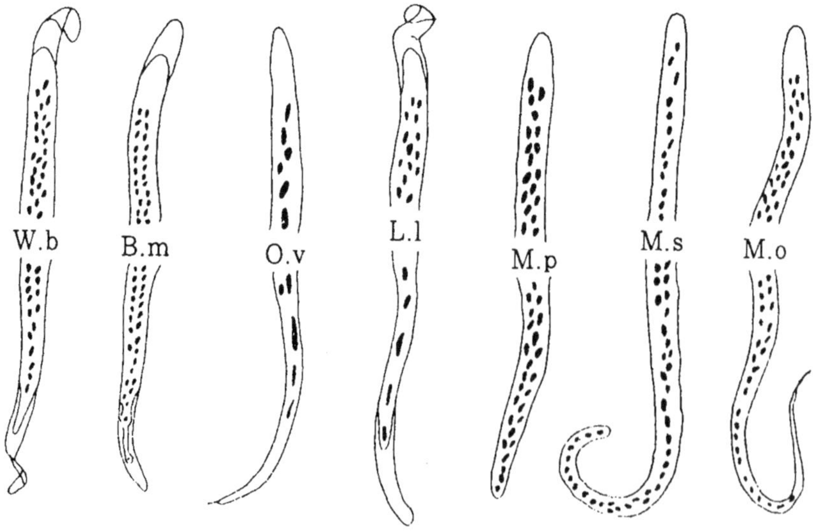

그림 2.11 사상충의 종류

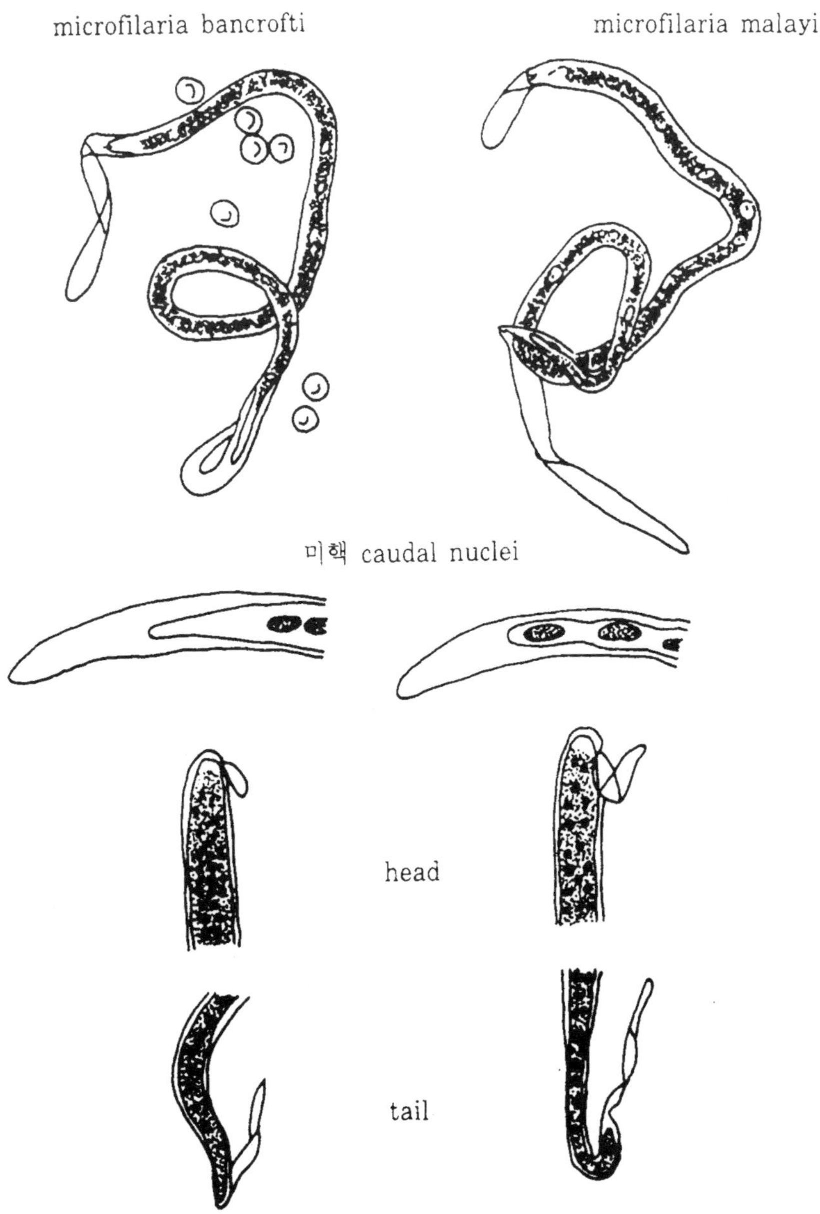

그림 2.12 마이크로 휘라리아의 형태 비교 (*Comparative morphology of microfilariae*)

사상충 자충의 감별표

Comparative morphology of microfilariae

Species	Length in microns	Appearence in stained smears	Sheath	Stylets	Body nuclei in Tail
W. bancrofite	230~300	Smooth, coil	Present	1	Do not extend to tip
B. malayi	175~250	Irregular, kinky coils	"	2	Extend to tip last two swollen
L. loa	250~300	Irregular, kinky coils	"	1	extend to tip
M. ozzardi	185~200	Smooth, curves	Absent	1	Do not extend to tip
M. perstans	190~200	Smooth, curves	"	None	Extend to tip
O. volvulus	150~285 or 285~370	Smooth, sweeping coils	"	None	Do not extend to tip

	W. bancrofti	B. malayi	L. loa
Nerve ring	20	26	20
'V' Spot	29	35	30
Tail Spot	83	90	84
Excretory	31	36	36
First Genital Cell	70	70	71

실 습 13

회선 사상충

(*Onchocerca volvulus*)

실시일 : ______ 학번 : ______ 성명 : ______

1. 목 표

1. 회선 사상충의 감염조직에서 병리학적 소견을 기술할 수 있어야 한다.

2. 형 태

유백색의 사상충이며 임파관과 피하 조직 내에 들어가 종양을 형성하고 그 속에서 산다.

- 크기 : 수컷 30~35×0.15mm, 암컷 : 400~500×0.3mm
- 매개체 : 진디등에(*Simulium* sp.)

3. 표본 Slides

1. 회선 사상충의 감염 조직 표본
2. 회선 사상충 감염 피하조직 관찰

실 습 **14**

개 심장 사상충

(*Dirofilaria immitis*)

실시일 : ______ 학번 : ______ 성명 : ______

1. 형 태

개사상충은 개의 심장에 기생한다.

크기는 암컷이 25~30cm, 수컷이 12~18cm이며, 색은 유백색이다. 암컷의 자궁에는 많은 microfilaria를 가지고 있다.

microfilaria는 일반적으로 직선형이다.

2. 표본 Slides

1. 개 심장 사상충증 도말 표본

그림 2.13 개 심장 사상충(Microfilaria of *Dirofilaria immitis*)

03 조직 내 기생 조충류(Cestoda)

편형동물문에 속하는 조충류는 모두 기생생활을 하고 암수 한 몸이며, 생활사 중 어느 시기에는 소화관을 가지고 있지 않다.
성충은 일반적으로 두부(scolex), 경부(neck), 체부(strobila)로 구성되며, 두부에는 숙주의 장벽에 부착하기 위하여 흡구(bothrium), 액취(rostellum), 흡반(sucker)을 구비하고, 어떤 종류는 액취 주위에 소구(hooklet) 또는 소극(spine)이 있다. 체부는 편절(proglottid)로 구성되어 있는데, 이것은 다시 미성숙 편절(immature proglottid), 성숙편절(mature proglottid) 및 수태 편절(gravid proglottid)들로 구분된다.

1. 목 표

1. 조충의 육안적 구조를 도시할 수 있어야 한다.
2. 원엽류의 4가지 유충을 열거, 도시할 수 있어야 한다.

인체 기생 조충류의 성충 감별 검사표
Key to the adult cestoda of man

1. Scolex or "head" recovered ························ **2**
   Gravid proglottid recovered ························ **7**
2. Scolex with two longitudinal, slit-like grooves or suckers; about 1mm in diameter ························ 광절열두조충 *Diphyllobothrium latum*
   Scolex with four suckers ························ **3**
3. Scolex with rostellum armed with hooks ························ **4**
   Scolex unarmed ························ **6**
4. Scolex globular, large, about 1mm in diameter, armed with two rows of hooks ························ 유구조충 *Taenia solium*
   Scolex club-shaped, small, less than 0.5mm in diameter ························ **5**
5. Scolex armed with one row of hooks; 0.3mm in diameter ···· 왜소조충 *Hymenolepis nana*
   Scolex armed with three to seven circlets of hooks; 0.25 to 0.5mm in diameter ························ 개조충 *Dipylidium caninum*
6. Scolex pear-shaped, large, to 2mm in diameter ························ 무구조충 *Taenia saginata*
   Scolex club-shaped, small, about 0.5mm in diameter ·········· 쥐조충 *Hymemolepis diminuta*
7. Segment longer than broad ························ **10**
   Segment broader than long ························ **8**
8. Genital pores ventral; uterus rosette-shaped ············· 광절열두조충 *Diphyllobothrium latum*
   Genital pores lateral; uterus a transverse elongated sac ························ **9**
9. Segment less than 1mm in breadth ························ 왜소조충 *Hymenolepis nana*
   Segment about 2.5mm in breadth ························ 쥐조충 *Hymenolepis diminuta*
10. Uterus with median stem and a varying number of lateral branches; with single pore ····· **11**
    Uterus composed of a large number of pockets, each filled with ova; genital ports double ························ 개조충 *Dipylidium caninum*
11. Uterus with 5 to 13 main lateral branches on each side ··········· 유구조충 *Taenia solium*
    Uterus with 15 to 30 main lateral branches on each side ······· 무구조충 *Taenia saginata*

실 습 15

광절열두조충

(*Diphyllobothrium latum*)

실시일 : ______ 학번 : ______ 성명 : ______

1. 목 표

1. 광절열두조충의 성충(두부, 편절)의 형태학적 특징을 도시할 수 있어야 한다.
2. 광절열두조충의 충란을 식별할 수 있어야 한다.
3. 광절열두조충의 제1 중간숙주 및 제2 중간숙주를 식별할 수 있어야 한다.
4. 고충을 육안적으로 식별할 수 있어야 한다.
5. 고충 감염의 병리학적 소견 및 증상을 설명할 수 있어야 한다.

2. 형 태

광절열두조충은 일명 broad fish tapeworm이라고 한다. 사람에 기생하는 조충 중 가장 큰 것 중의 하나이다. 성충의 두절은 곤봉상(spoon shape)이고 배 복측에 1쌍의 흡구(sucking groove)가 있다. 길이는 3~10m, 성숙한 편절의 크기는 길이 1~4mm, 폭 10~12mm로서 체절의 길이보다 체폭이 넓다. 체절 수는 3,000~4,000개이며 자궁은 체절의 중앙에 coil 모양으로 말려 있고 생식공과 연결된다.

충란은 타원으로 난개(operculum)가 있으며, 색은 황갈색이고 크기는 70 × 60㎛이다.

제2 중간숙주 : 물벼룩(*Cyclops strenuus*)

제2 중간숙주 : 담수어(연어, 송어)

기생 부위 : 소장

3. 재 료

1. 광절열두조중의 성충

4. 표본 Slides

1. 광절열두조충의 두부
2. 광절열두조충의 편절
3. 스파르가눔의 조직 표본
4. 고충의 유충

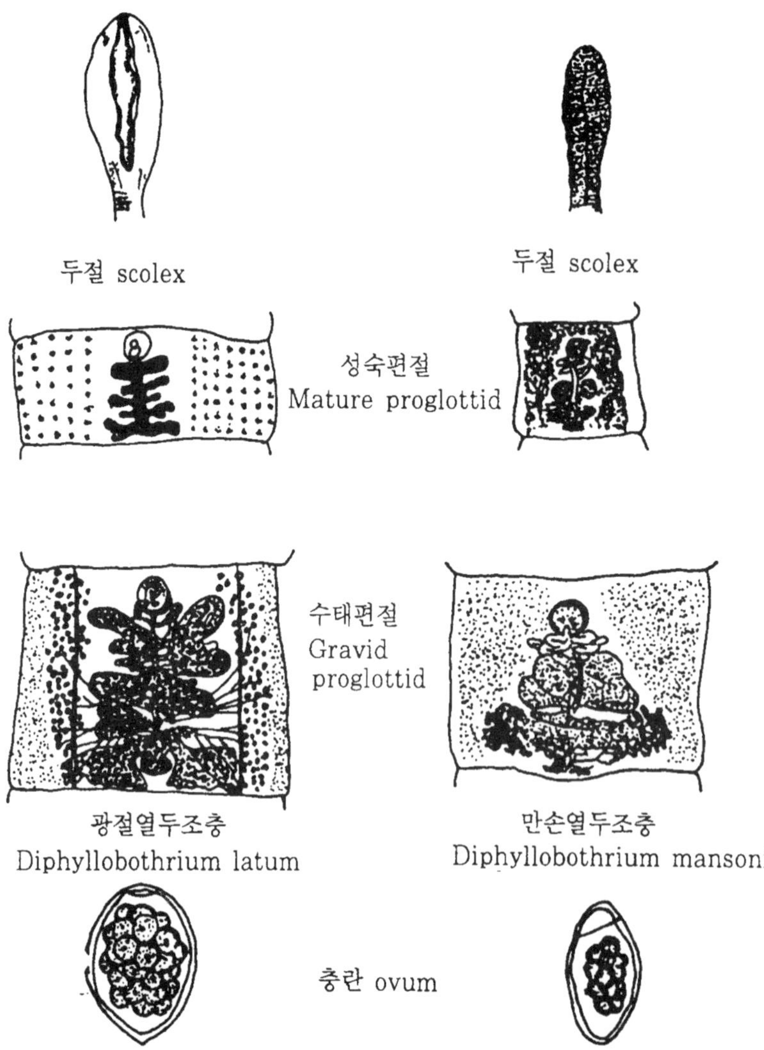

그림 3.1 열두조충 Morphology of *Diphyllobothrium* spp.

실 습 16

무구조충, 민촌충

(*Taenia saginata*)

실시일 : ______ 학번 : ______ 성명 : ______

1. 목 표

1. 무구조충의 두절 및 편절을 구별할 수 있어야 한다.
2. 무구조충의 충란을 식별할 수 있어야 한다.

2. 형 태

무구조충은 일명 beef tapeworm이라 한다. 충체의 두절은 마름모꼴이며, 4개의 흡반이 있으나 액취(rostellum)가 발달되어 있지 않고 소구가 없다. 길이는 4~10m, 편절의 수는 1000~2000개이며 수태편절의 크기는 10~12×5~6mm이다. 편절내 자궁의 측지수가 15~30개로 유구조충 자궁수의 배가 된다.

충란은 유구조충과 같으며 형태를 가지고 구별하기 곤란하다.

제1 중간숙주 : 소(낭미충 *Cysticercus bovis*)

기생 부위 : 소장

3. 표본 Slides

1. 무구조충의 두절
2. 무구조충의 편절

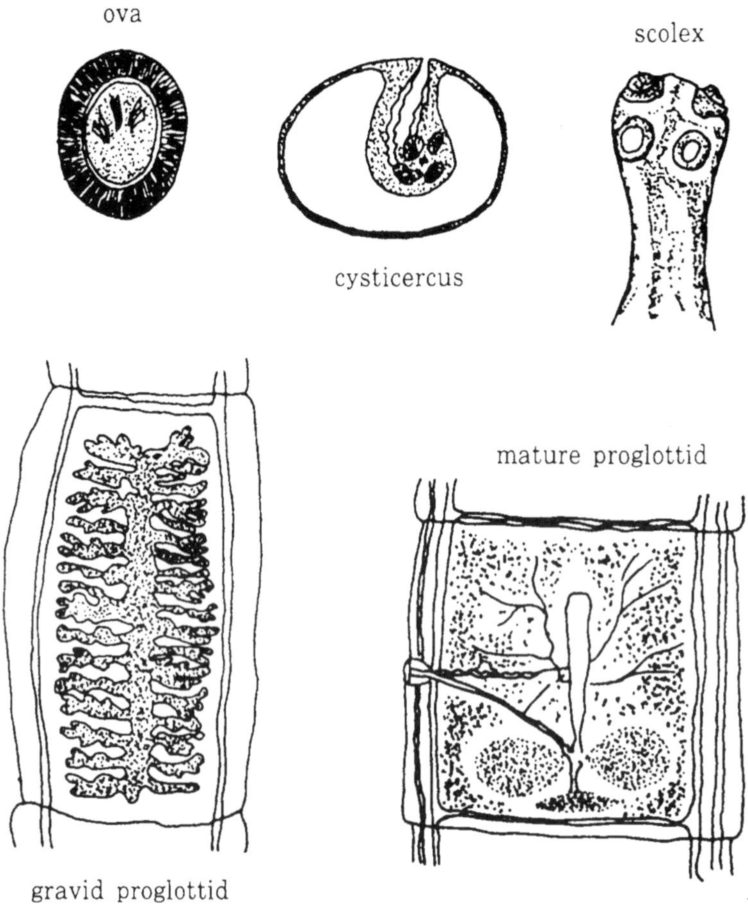

그림 3.2 무구조충(민촌충, *Taenia saginata*)

실 습
17

유구조충, 갈고리촌충

(*Taenia solium*)

실시일 : 학번 : 성명 :

1. 목 표

1. 유구조충의 두절 및 편절을 구별할 수 있어야 한다.
2. 유구조충의 충란을 식별할 수 있어야 한다.
3. 유구낭미충증의 병리 조직학적인 소견을 기술할 수 있어야 한다.

2. 형 태

일명 pork tapeworm이라고 한다. 성충의 두절은 구형, 4개의 흡반과 그 흡반 사이에 액취가 있다. 액취에는 25~30개의 2열로 된 소구(hooklet)가 달려 있다. 성충의 길이는 2~7m, 편절의 수는 700~1000개 정도이고 수태편절의 크기 10~13×5~6mm, 성숙한 편절 내 자궁의 측지수는 7~10개이고 생식공이 측방에 좌우 교대로 존재한다.

충란 : 원형, 담갈색으로 난각이 두터우며 방사상 무늬가 있고, 3쌍의 육구유충(hexacantor)이 있다. 크기 30~40㎛이다.

중간숙주 : 돼지 (낭미충 *Cysticercus cellulosae*)

기생 부위 : 소장

3. 표본 Slides

1. 유구조충의 두절
2. 유구조충의 편절

3. 유구조충의 절편조직

4. 근육 등

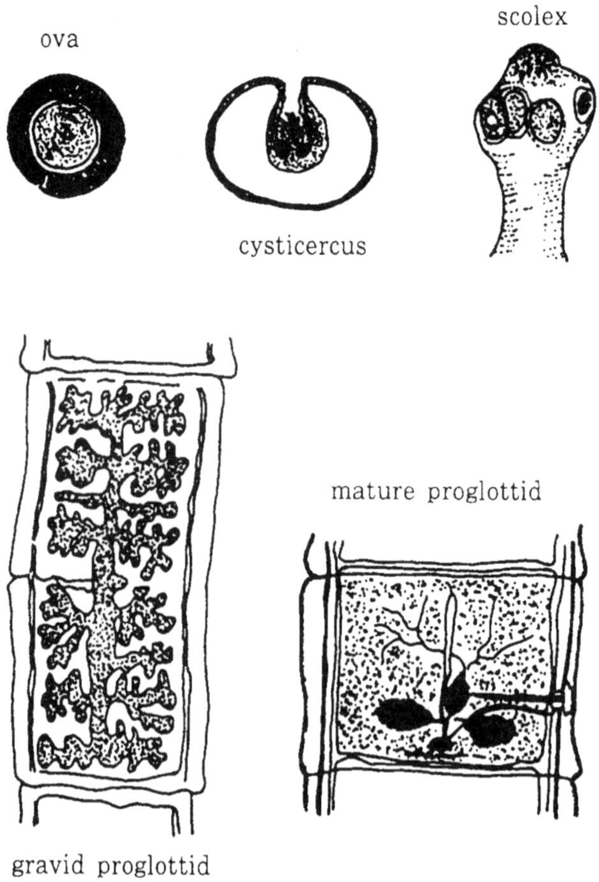

그림 3.3 유구조충(*Taenia solium*)

실 습 18

왜소조충

(*Hymenolepis nana*)

실시일 : 학번 : 성명 :

1. 목 표

1. 왜소조충증을 변 검사로 진단할 수 있어야 한다.

2. 형 태

쥐가 종숙주이고 사람에게는 우연기생을 한다.

성충의 크기는 2.0cm × 0.8mm, 편절의 수는 약 200개이며 작은 조충이다. 두절은 마름모꼴, 4개의 흡반과 액취에는 20~30개의 소구가 일렬로 원형을 형성한다.

수태편절의 크기는 0.2 × 0.8mm로 폭이 길이의 약 4배나 된다.

충란 : 얇은 2중 난막으로 덮여 있고 색은 무색 투명하며, 난막 사이에 극사(polar filament)가 나와 그물 모양으로 보인다. 크기는 40~48㎛이며, 난원형이다.

중간숙주 : 없음

기생 부위 : 소장

3. 표본 Slides

1. 왜소조충의 두절
2. 왜소조충의 편절
3. 왜소조충의 의낭미충

충란(ovum)

두절(scolex)

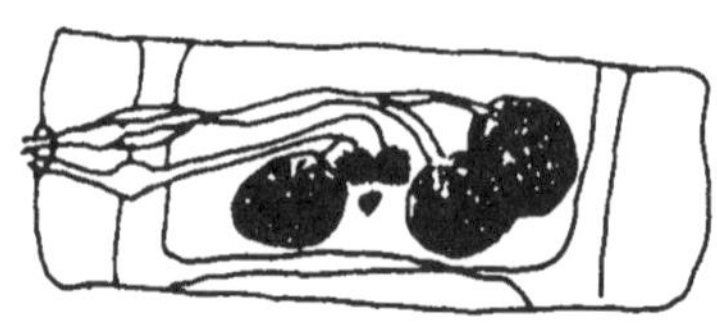

성숙편절(mature proglottid)

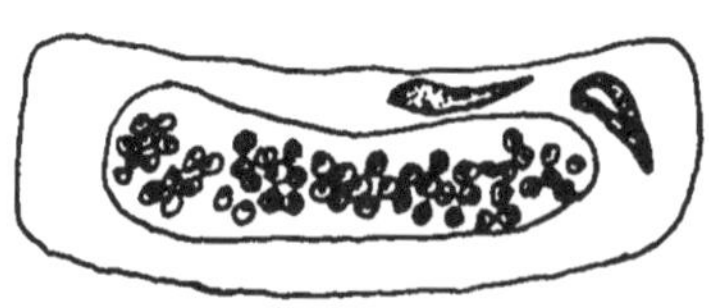

수태편절(gravid proglottid)

그림 3.4 왜소조충(*Hymenolepis nana*)

실 습 19

쥐조충

(*Hyenolepis diminuta*)

실시일 : ______ 학번 : ______ 성명 : ______

1. 목표

1. 대변 검사상 쥐조충란을 구분할 수 있어야 한다.

2. 형태

쥐가 종숙주이다. 사람에게는 우연히 기생한다. 충체의 길이는 20~60cm×3~5mm이며 편절의 수 600~1300개이다. 두절에는 4개의 흡반과 갈고리 없는 액취가 있다.
편절의 크기는 0.8×2.5mm로 체폭이 길이보다 넓으며, 생식공은 편절의 측면에 있다. 고환은 3개가 있는데, 2개는 나란히 있고 하나는 떨어져 다른 방향에 있다.
충란 : 황갈색, 구형, 크기 58×86㎛로 난각은 두텁고 극사가 없다.
중간숙주 : 쥐벼룩, 바퀴, 딱정벌레
기생 부위 : 소장

3. 표본 Slides

1. 쥐조충의 편절

충란(ovum)

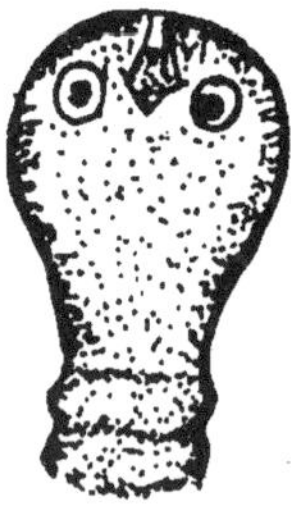

두절(scolex)

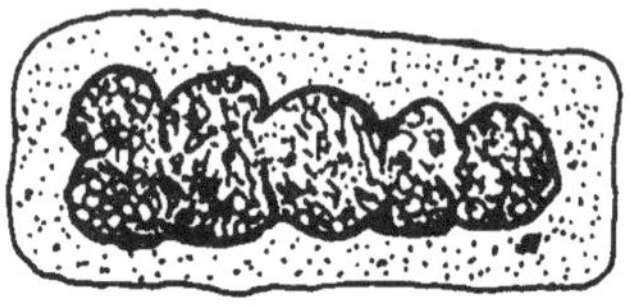

성숙편절(mature proglottid)

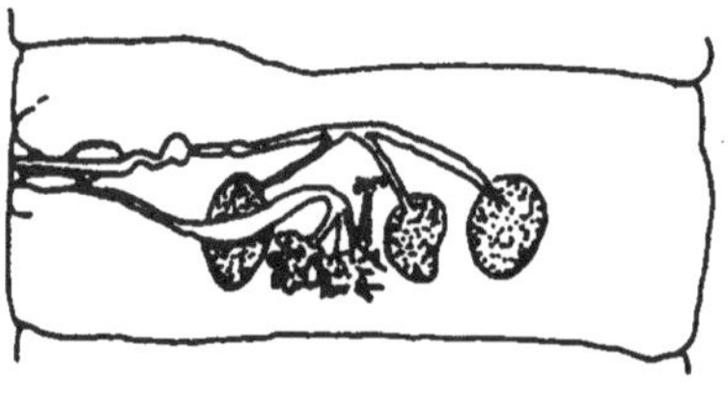

수태편절(gravid proglottid)

그림 3.5 쥐조충(축소조충, *Hymenolepis diminuta*)

실 습 20

개조충

(*Dipylidium caninum*)

실시일 : ______ 학번 : ______ 성명 : ______

1. 목 표

1. 개조충의 두부, 편절 및 충란의 특징을 식별할 수 있어야 한다.

2. 형 태

개, 고양이가 종숙주이며 사람은 우연숙주가 된다.

충체의 크기는 15~70 × 0.15~0.3cm, 편절의 수는 60~150개이다.

두절은 마름모꼴이고 4개의 흡반과 돌출한 곤봉상의 액취가 있다. 액취에는 40~60개의 소구가 정렬하고 있으며, 생식공은 편절의 양측에 하나씩 있다.

특히, 충란이 수태 체절내 난낭(egg ball)에 들어 있는 것이 특징이다.

충란은 구형, 크기가 25~40㎛이며, 난낭 속에는 8~15개의 충란이 들어 있다.

중간숙주 : 사람벼룩, 바퀴

기생 부위 : 소장

3. 표본 Slides

1. 개조충의 두절
2. 개조충의 편절

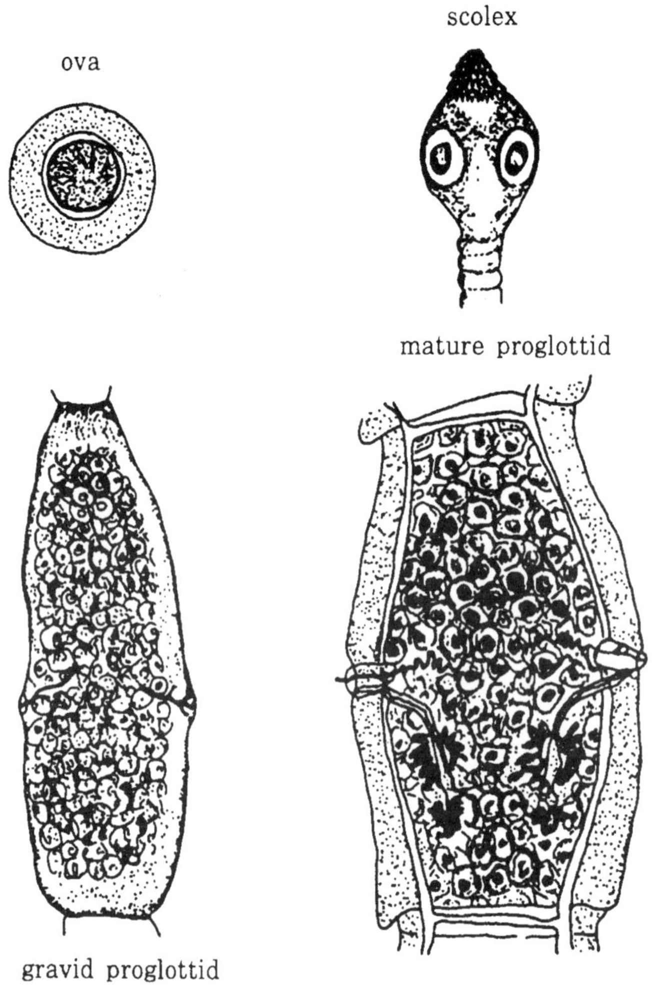

그림 3.6 개조충(외실조충, *Dipylidium caninum*)

실 습 21

단방조충(*Echinococcus granulosus*) 포충(*Hydatid*)

실시일 : ______ 학번 : ______ 성명 : ______

1. 목 표

1. 단방조충 성충의 형태학적 특징을 도시할 수 있어야 한다.
2. 단방조충의 유충시기인 포충의 형태학적 특징을 식별할 수 있어야 한다.
3. 단방조충 및 다방조충 감염조직에서 병리학적 소견을 기술할 수 있어야 한다.

2. 형 태

육식 동물인 여우, 개 등의 소장에 기생한다. 충체는 3~4개 체절로 구성되어 있다. 크기는 3~6mm, 두절에는 4개의 흡반, 액취가 돌출되어 있고, 28~50개의 소구가 2열로 배열하고 있다.
충란 : 30~36㎛, 난각 피막은 다른 조충과 유사하다.
이 충체는 숙주 체내에서 발육 증식하는 것이 특징이다. 포충시기(hydatid stage)에만 인체에 기생한다.
중간숙주 : 돼지, 양, 사람 등
기생 부위 : 장에서 혈관, 임파관을 통해서 각 장기에 전이하여 포충낭(hydatid cyst)을 형성하는데, 사람에게는 주로 간과 폐를 침범한다.

3. 표본 Slides

1. 단방조충의 성충 표본

2. 단방조충의 조직 표본

3. 포충사의 표본

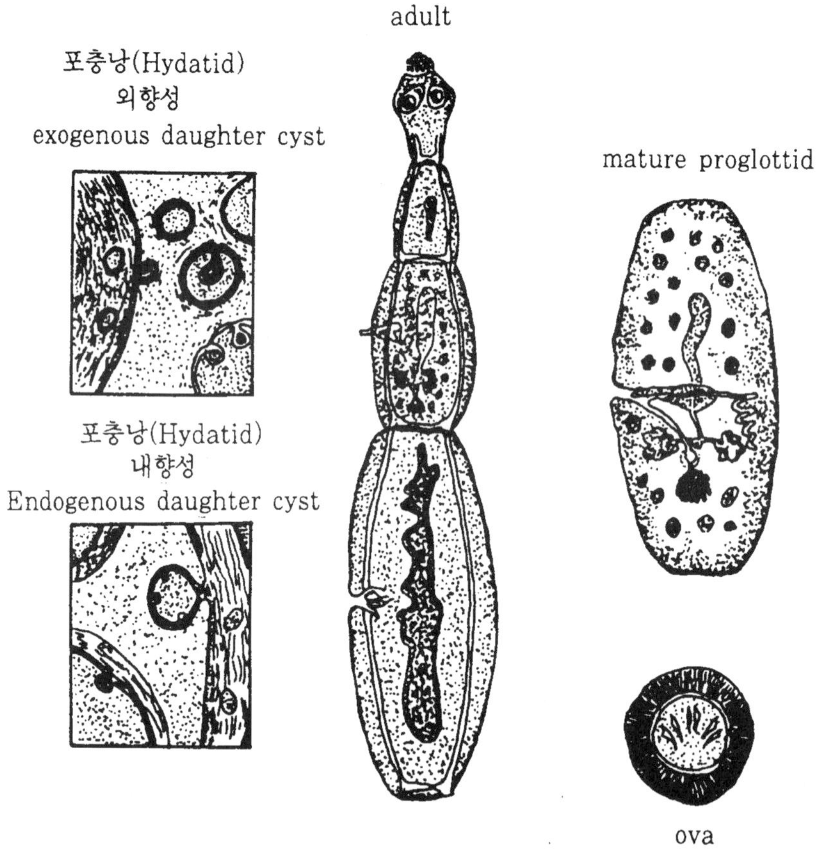

그림 3.7 단방조충(*Echinococcus granulosus*)

04

조직 내 기생 흡충류

흡충류의 형태 개요

충체는 대체로 편평하며 자웅동체이다. 그러나 주혈흡충류는 암수의 구분이 명확하다. 흡충류의 앞쪽에 구흡반과 충체의 중앙에는 복흡반이 있어 흡착기관이 매우 발달되어 있다. 장관은 구흡반에 연결되어 복흡반 앞쪽에서 분기해서 양측을 통과하여 충체의 후단에서 맹관으로 된다. 따라서 항문이 없다(그림 4.1).

목 표

1. 흡충의 일반적인 형태를 알아야 한다.
2. 흡충의 생식기관과 배설기관의 구조를 설명할 수 있어야 한다.
3. 흡충류의 일반적인 생활사를 설명할 수 있어야 한다.

인체 기생 흡충의 성충 감별 검사표
Key to the adult trematoda of man

1. Sex separate(dioecious) ································ **2**
   Sex united(monoecious or hermaphroditic) ································ **4**
2. Male with finely tuberculated or smooth integument;female with large number of eggs in uterus ································ **3**
   Male with grossly tuberculated integument; female with not more than four eggs in uterus ································ 만손 주혈흡충 *Schistosoma mansoni*
3. Male with four testes; egg from uterus of female showing terminal spine ································ 방광 주혈흡충 *Schistosoma haematobium*
   Male with seven testes; egg from uterus of female showing terminal spine ································ 일본 주혈흡충 *Schistosoma japonicum*
4. Ventral sucker usually anterior or middle of body never at posterior end ································ **5**
   Ventral sucker conspicuous, at or near posterior end of body ····· *Gasterodiscoides hominis*
5. With only an oral and ventral sucker ································ **6**
   With a large genital sucker in addition to the oral and ventral suckers ································ 이형흡충 *Heterophyes heterophyes*
6. With a circlet of prominent spine around the oral sucker ································ 일로카눔 극구흡충 *Echinostoma ilocanum*
   Without such a circlet of spines ································ **7**
7. Intestinal ceca unbranched ································ **8**
   Intestinal ceca with secondary branchlets ································ 간질 *Fasciola hepatica*
8. Less than 2cm in length; testes lobed or nonlobed but never with fine branches ·········· **9**
   Two to 7cm in length; testes extremely branched ································ 비대흡충 *Fasciolopsis buski*
9. Testes lobed ································ **9**
   Testes not lobed ································ 요코가와 흡충 *Metagonimus yokogawai*

10. Testes with few primary lobes ·· **11**

Testes with many secondary lobes ·· 간흡충 *Clonorchis sinensis*

11. Testes deeply lobed ··· 폐흡충 *Paragonimus westermani*

Testes weekly lobed ·· 고양이 간흡충 *Opisthorchis felineus*

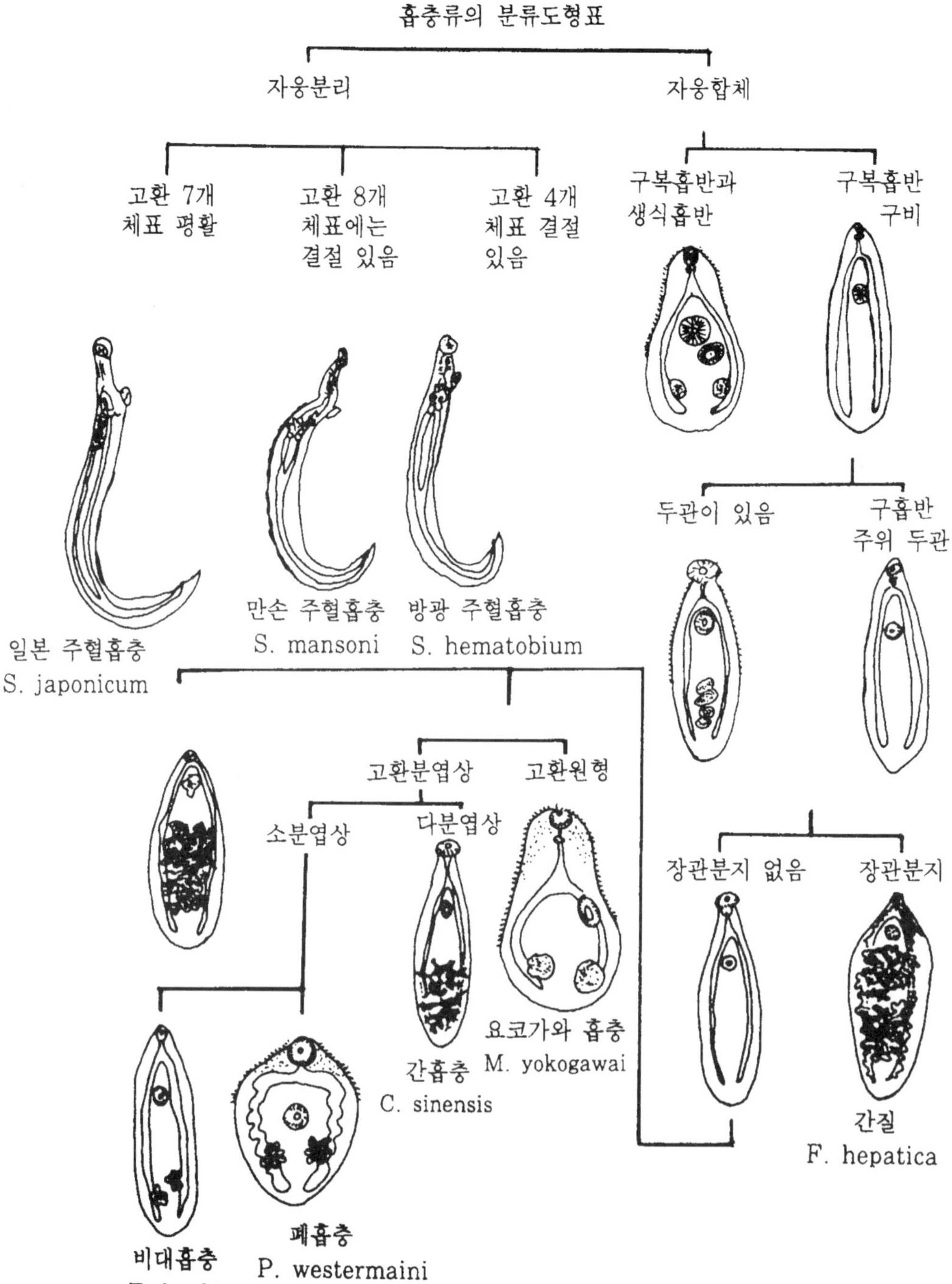

그림 4.1 흡충류의 성충 분류 도형 검사표

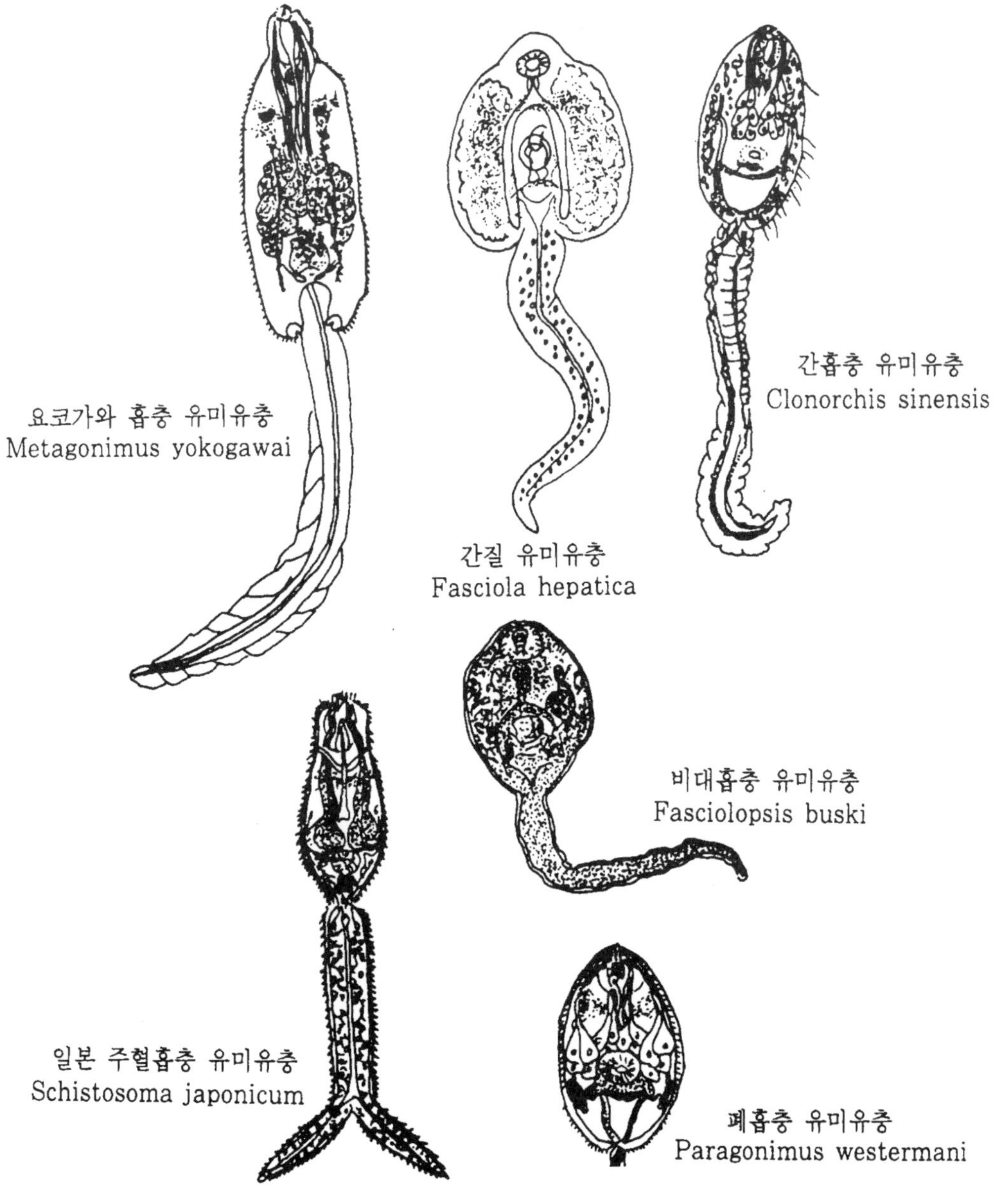

그림 4.2 각종 흡충류의 유미유충(Morphology of *cercariae*)

실 습
22 간흡충
(*Clonorchis sinensis*)

실시일 : ______ 학번 : ______ 성명 : ______

1. 목 표

1. 간흡충의 성충, 피낭유충 및 충란의 형태를 도시할 수 있어야 한다.
2. 간흡충 감염시 초래되는 병소의 병리학적 소견을 기술할 수 있어야 한다.

2. 형 태

사람의 담관 내에 기생한다. 성충은 버들잎 모양으로 길쭉하고 납작한 형태.
크기 : 10~25×3~5mm
고환(testes)은 2개로 분엽상이며 충체의 후단부에 위치한다. 난소(ovary)는 고환과 자궁 사이에 있으며 난원형이다.
충란은 황갈색이며 성숙한 미라시디움을 가지고 있고, 난각은 두터우며 난개(operculum)가 있다.
크기 : 23~35×11~19㎛
제1 중간숙주 : 왜우렁(*Parafossarulus manchouricus*)
제2 중간숙주 : 담수어[참붕어(*Pseudorasbora parva*) 외 40여 종]

3. 표본 Slides

1. 간흡충의 성충 표본
2. 감흡충의 감염 조직 표본(토끼)
3. 간흡충의 감염 조직 표본(담도)

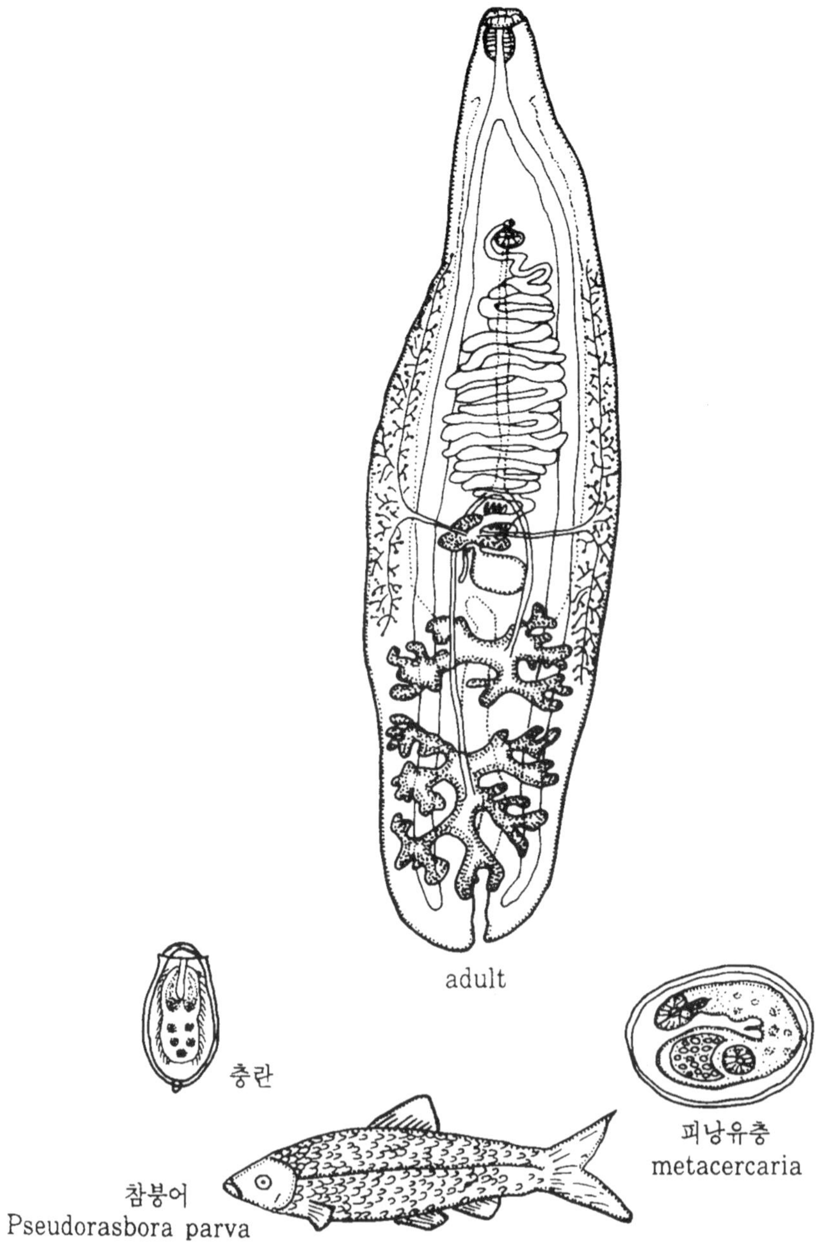

그림 4.3 간흡충(*Clonorchis sinensis*)

실 습 23

간 질
(*Fasciola hepatica*)

실시일 : 학번 : 성명 :

1. 목 표

1. 간질의 성충과 충란을 도시할 수 있어야 한다.

2. 형 태

20~30×8~13mm로 비대흡충보다 작다. 나뭇잎 모양이며 두텁고 원추상 두부(cephalic cone)가 있어서 체전단부가 마치 어깨가 있는 것 같은 모양이며, 이 부위에 같은 크기의 구흡반, 복흡반이 있다.
장과 고환은 상당히 복잡하게 분지되어 있다.

충란 : 황갈색, 난원형, 크기는 130~150×63~90㎛
제1 중간숙주 : 우렁이(*Lymnaea ollura*)
제2 중간숙주 : 수생 식물[물냉이(Nasturtium, watercress)]
기생 부위 : 간내 담도

3. 표본 Slides

1. 간질의 성충 표본
2. 물밤(water chestnut)

성충(adult worm)

피낭유충(metacercaria)

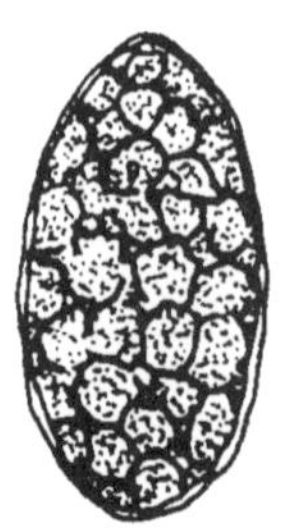

충란(ovum)

그림 4.4 간질(*Fasciola hepatica*)

실 습
24

췌질

(*Eurytrema pancreaticum*)

실시일 : ______ 학번 : ______ 성명 : ______

1. 목 표

1. 췌질의 성충 및 충란을 감별할 수 있어야 한다.

2. 형 태

췌장 내에 기생하며 소의 담도에 기생하기도 한다. 크기는 10~18 × 4.5~7.2mm로 구흡반은 다른 흡충에 비하여 현저히 크다. 고환은 충체의 중앙부에 위치하며 복잡하게 분기되어 있다. 자궁은 복흡반 전면까지 확장되어 있다.
충란의 크기는 50~80×35~45㎛이며, 난개(operculum)를 가지고 있다.

제1 중간숙주 : 달팽이(*Bradybaena similaris*)
제2 중간숙주 : 개미, 딱정벌레, 메뚜기, 여치류(*Conocephalus maculatus*)

3. 표본 Slides

1. 췌질의 성충 표본

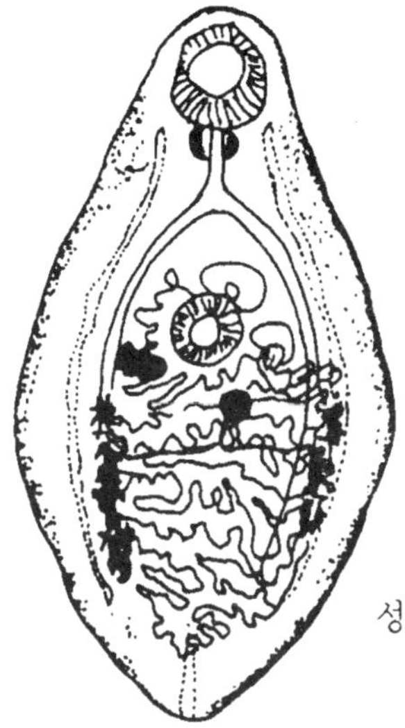

성충(adult worm)

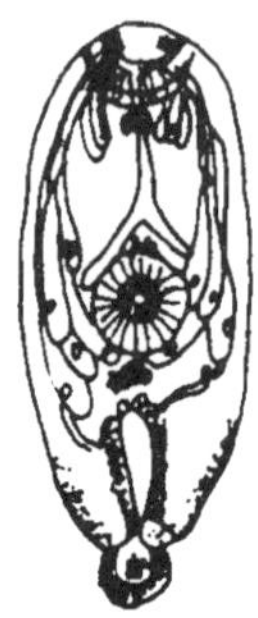

피낭유충(metacercaria)

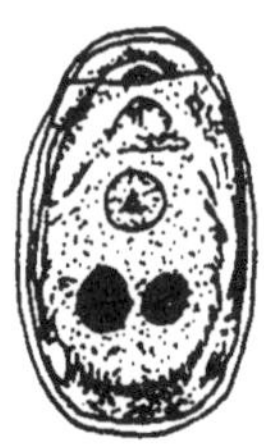

충란(ovum)

그림 4.5 췌질(*Eurytrema pancreaticum*)

실 습
25 폐흡충
(*Paragonimus westermani*)

실시일 : ________ 학번 : ________ 성명 : ________

1. 목 표

1. 폐흡충의 성충, 피낭유충, 충란의 형태를 도시할 수 있어야 한다.
2. 폐흡충의 중간숙주를 식별할 수 있어야 한다.
3. 피내반응검사를 시행, 평가할 수 있어야 한다.

2. 형 태

크기는 7~12×4~6mm로 콩알을 반 쪼갠 모양이며, 복면은 편평하고 배면은 불룩하게 올라와 있다. 담홍색인 충체의 표면은 바늘 같은 소극으로 덮여 있다.
고환은 충체의 후단부에 위치하며 분엽상으로 분기되어 있다. 난소는 복흡반의 좌측에 위치하며 분엽으로 갈라져 있다.
충란의 크기는 82~86×45~50㎛로 난원형의 황금색을 나타내며, 난각은 비교적 두껍고 난개가 있다. 충란 내는 1개의 난세포와 다수의 난황세포로 차있다.
제1 중간숙주 : 다슬기(*Semisulcospira libertina*)
제2 중간숙주 : 참게(*Eriocheirs sinensis*), 가재(*Cambaroides similis*)

3. 표본 Slides

1. 폐흡충의 성충 표본
2. 폐흡충의 감염 조직 표본(고양이 폐)
3. 폐흡충의 감염 조직 표본(개 늑막)
4. 폐흡충의 감염 조직 표본(사람 맹장)

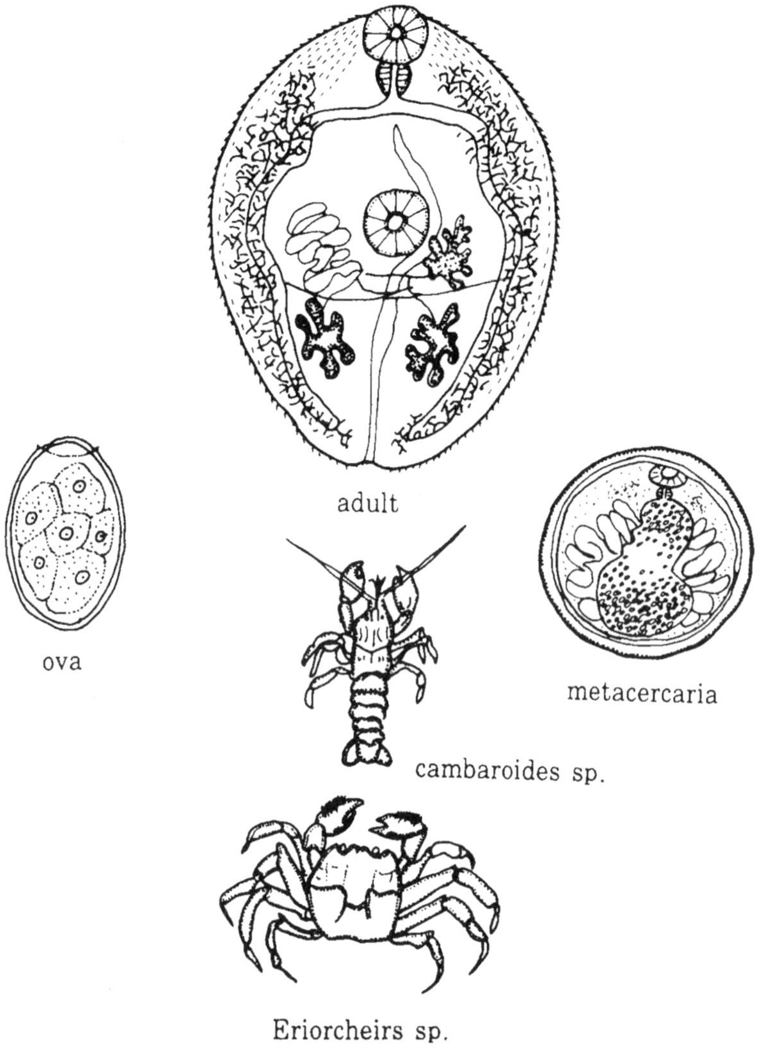

그림 4.6 폐흡충(*Paragonimus westermani*)

실 습
26 요코가와 흡충

(*Metagonimus yokogawai*)

실시일 : ______ 학번 : ______ 성명 : ______

1. 목 표

1. 요코가와 흡충의 성충, 피낭유충, 충란을 식별한다.
2. 요코가와 흡충의 제1 및 제2 중간숙주를 식별한다.
3. 요코가와 흡충증에서 관찰되는 병리학적 소견을 기술한다.

2. 형 태

사람의 소장에 기생한다. 크기는 1.0~2.0×0.4~0.6mm로 소형이다.
체표면을 소극(spine)이 덮고 있다.
복흡반이 구흡반보다 현저하게 크며, 충체의 1/3 부근에서 정중선으로부터 우측에 치우쳐 위치한다. 생식반(Genital sucker)은 복흡반의 전내면에 서로 접하고 있다.
고환은 둥글게 생긴 것이 충체의 후단부에 비스듬히 1쌍이 있고, 난소는 구형이며 충체의 중앙에 위치한다.
충란 : 타원형으로 난각은 두터우며, 황갈색으로 성숙한 미라시디움을 갖고 난개가 있다. 크기는 28~30×16~17㎛이다.

제1 중간숙주 : 담수산 패류[다슬기(*Semisulcospira libertina*)]
제2 중간숙주 : 담수어[은어(*Plecoglossus altivelis*), 모래무지 외 20여 종]

충란은 간흡충과 흡사하며 감별이 필요하다. 충란에서 뚜껑과 난각과의 접촉부가 돌출되지 않은 것으로 전자와 구별한다. 그러나 두 흡충란간의 구별은 매우 힘들다.

3. 표본 Slides

1. 요코가와 흡충의 성충 표본
2. 요코가와 흡충의 피낭유충 표본
3. 요코가와 흡충의 감염 조직 표본(고양이)

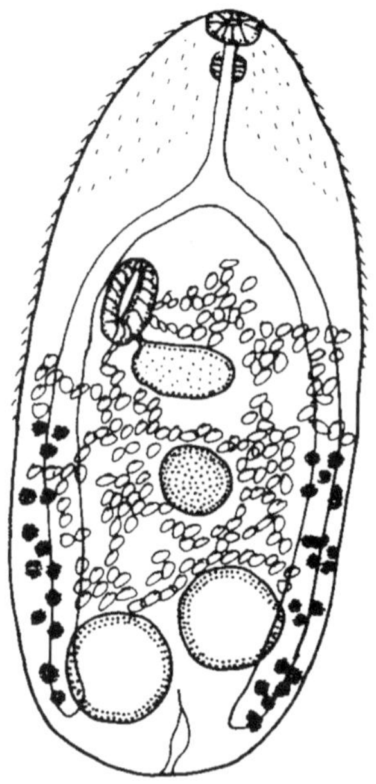

그림 4.7 요코가와 흡충(*Metagonimus yokogawai*)

실 습 27

이형흡충(*Heterophyes heterophyes*) 유해이형흡충(*H. nocens*)

실시일 : ____________ 학번 : ____________ 성명 : ____________

1. 목 표

1. 이형흡충의 성충 및 충란을 감별할 수 있어야 한다.

2. 형 태

이형흡충과(Heterophyidae)에 속하며, 인체 소장에 기생하는 2가지의 중요한 흡충이다.

〈이형흡충〉

사람의 소장에 기생하며 인체 기생 흡충류 중 가장 작다.
크기는 1.0~1.7×0.3~0.4mm이고 비늘 같은 소극이 표피를 덮고 있다. 복흡반은 구흡반 보다 현저하게 크며 근육성으로 두터운 생식반에는 60~70개의 소극을 구비하고 있으며 복흡반에 근접하고 있는 것이 특징적이다. 충란의 크기는 28~30×15~17㎛로 난원형이고, 담황갈색이다.
제1 중간숙주 : 담수산 패류[다슬기(*Tymphanotonus microptera*)]
제2 중간숙주 : 담수어[숭어(*Mugil cephalus*)]

〈유해이형흡충〉

성충은 납작하고 약간 긴 난원형으로 크기는 1~1.5mm이다. 복흡반은 구흡반보다 매우 크고 충체 중앙 앞쪽에 위치한다. 복흡반 후좌측에 생식반(genital sucker)이 뚜렷이 관찰되며 이 외연에 원반형의 genotyl이 있다. Genotyl 위에 미세한 갈고리 모양의 rodlet이 일렬로 배열되어 있는데, 생식반의 크기, rodlet의 수 등이 이형흡충의 속 감별에 중요하다. Rodlet 수는 50~60 개이다.

충란은 유타원형으로 황갈색이며 성숙한 미라시디움을 갖고 있다. 크기는 25~28×14~16㎛로 요코가와 흡충과 매우 비슷하나 약간 작고, 충란 양끝 부위가 약간 오목한 점이 다르다. 피낭유충은 배설낭이 검은색이나 약간의 녹색을 띤 점으로 요코가와 흡충과 감별된다.

제1 중간숙주 : 비틀이고둥(*Tympanotonus microptera*)

제2 중간숙주 : 숭어(*Mugil cephalus : mullet*), 가숭어(*Liza menada*), 농어(*Lateolabrax japoncus*), 문절망둑(*Acanthogobius flavimanus*) 등의 반염수어

사람이나 동물이 물고기를 회로 먹어 감염되는데, 십이지장 하부 또는 공장 융모의 선와(crypt of Lieberkhün) 또는 융모 사이에 기생한다. 감염 7~8일이면 성충이 된다.
이들 두 충란은 간흡충과 흡사하여 감별이 필요하다. 충란에서 뚜껑과 난각과의 접촉부가 돌출되지 않은 것으로 전자와 구별한다. 그러나 두 흡충란간의 구별은 매우 힘들다.

3. 표본 Slides

1. 이형흡충의 성충 표본
2. 유해이형흡충의 성충 표본

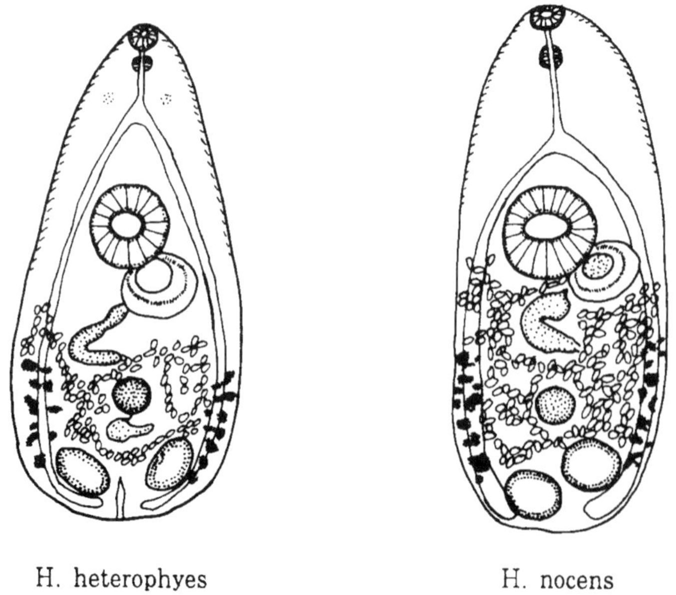

그림 4.8 이형흡충(*Heterophyes heterophyes*)과 유해이형흡충(*H. nocens*)

실 습 28

비대흡충

(*Fasciolopsis buski*)

실시일 : ______ 학번 : ______ 성명 : ______

1. 목 표

1. 비대흡충의 성충 및 충란을 감별할 수 있어야 한다.

2. 형 태

3~7×0.5~1.5cm의 크기로 사람의 소장에 기생하는 흡충류 중에서 제일 크다. 육질성이며 장타원형이고, 충체의 표피에는 소극이 덮여 있다 구흡반과 복흡반이 근접하고 있으며 구흡반의 크기가 복흡반의 1/4 정도이다. 장관은 2분지상이나 고환은 전, 후 24개가 고도로 분지되어 수지상을 보이며, 난소는 충체 중앙, 정중선으로부터 오른쪽에 분지 모양을 하고 있다.

제1 중간 숙주 : 우렁이(*Segmentina* sp.)

제2 중간 숙주 : 수생 식물, 마름(Trapanatans), 물방개(water chestnut)

충란의 크기는 130~140×70~80㎛로 담황갈색이며, 난개(operculum)는 비교적 작고 난각은 맑고 얇다.

3. 주의 사항

표본이 두꺼우므로 파손에 주의하고 저배율로 관찰한다.

4. 표본 Slides

1. 비대흡충의 성충 표본
2. 비대흡충의 감염 조직 표본

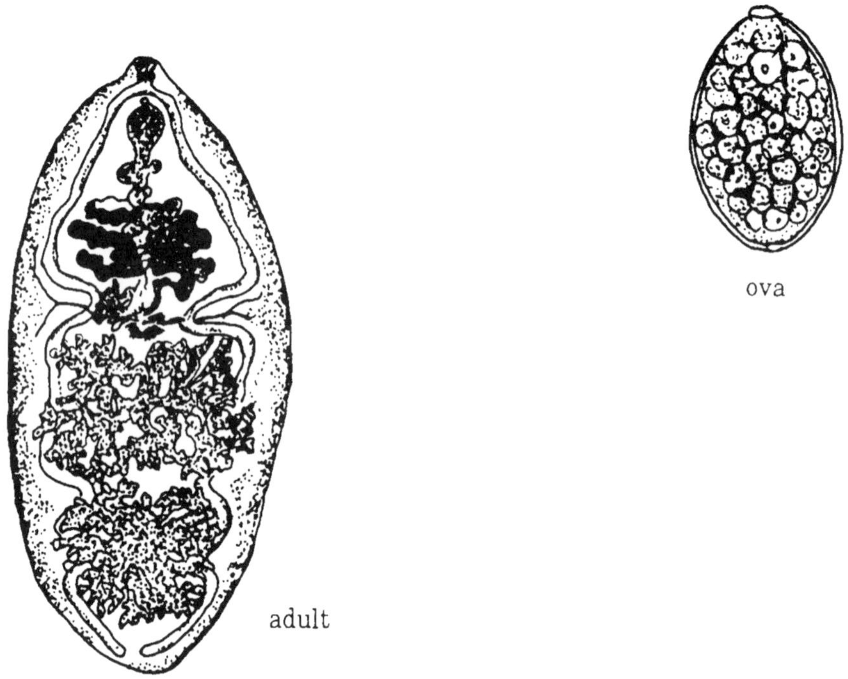

그림 4.9 비대흡충(*Fasciolopsis buski*)

실 습 29

극구흡충

(*Echinostoma* sp.)

실시일 : ______ 학번 : ______ 성명 : ______

1. 목 표

1. 극구흡충 성충과 충란의 형태를 설명할 수 있어야 한다.

2. 형 태

인체 감염 종으로 약 15종이 확인되었다. 이 중 우리나라에서 *E. hortense, E. cinetorchis, Echinochasmus japonicus* 등 2속 3종의 인체 감염례가 보고된 바 있다.

〈E. ilocanum〉

소장에 기생하며 적회색을 띤다. 크기는 2.5~6.5×1~1.4mm로 체표면은 미소한 비늘 모양의 가시로 덮여 있다 구흡반 주위에 두관(circumoral disc)이 달려 있다. 여기에 41~51개의 두극(collar spine)이 배열하고 있다. 복흡반이 구흡반에 근접해 있고 4배 정도 크다. 난소는 체중앙에 있으며 난원형이고, 충란은 황갈색 타원형으로 난개가 있으며 크기는 83~116×58~69㎛이다. 충란은 간질, 비대흡충과 감별하여야 한다.
제1 중간숙주는 담수우렁이, 제2 중간숙주는 담수조개류가 된다. 오리, 쥐, 사람 등에 기생한다. 인수공동 감염증을 보인다.

〈E. hortense〉

크기는 6.2~9.8×1.1~1.5mm로 구흡반 주위에 두관이 있고, 여기에 26~28개의 두극(collar spine)이 배열되어 있다 복흡반이 복측으로 구부러져 있고 난소가 왼쪽으로 치우쳐 있는 것이 특징이다. 충란은 황갈색 장타원형으로 난개가 있고 130~138×75~80㎛의 크기이다.

제1 중간숙주는 패류[물달팽이(*Radix auricularia*)], 제2 중간숙주는 미꾸리(*Misgurnus anguillicaudatus*), 개구리, 올챙이 등이다.

표본 Slides

1. 극구흡충의 성충 표본
2. 극구흡충의 감염 조직 표본

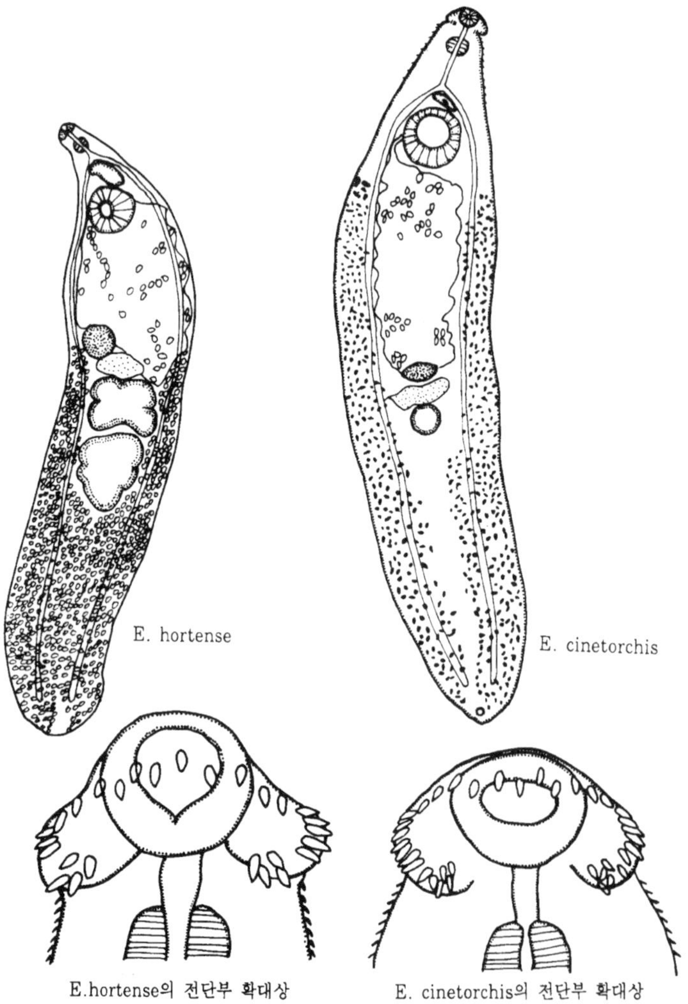

그림 4.10 극구흡충(*E. ilocanum*)

실 습 30

주혈흡충

(*Schistosoma*)

실시일 : ______ 학번 : ______ 성명 : ______

1. 목 표

1. 각 주혈흡충의 성충과 충란을 감별할 수 있어야 한다.

2. 개 요

주혈흡충은 암컷과 수컷이 따로 분리되어 있다. 수컷은 포자관(gynecophoric canal)을 가지고 암컷을 안고 있다. 주혈흡충란은 난개(operculum)를 가지고 있지 않은 것이 특징이다.
각 주혈흡충의 차이점은 다음과 같다.

	일본 주혈흡충	만손 주혈흡충	방광 주혈흡충
성충 (♂) (♀)	12~20×0.5mm 26 × 0.3mm	10~12 × 0.8mm 7~14mm	10~15 × 0.8~1.0mm 16~20 × 0.25mm
충란	황색, 타원형, 난각 없음 70~100 × 50~65㎛	황색, 긴 타원형, 측방극(lateral spine)이 있음 114~175×45~68㎛	황색, 타원형, 끝 부근에 소극(spine)이 있음 112~170 × 40~70㎛
제1 중간숙주	Katayama nosophora (*Onchomelania nosophora*)	*Planorbis* sp.	*Bulinus contortus*
기생부위	문맥계 정맥에 기생	방광 및 항문 정맥 내	대장의 장간막 정맥 문맥계 정맥내 기생

3. 표본 Slides

1. 일본 주혈흡충의 성충 표본
2. 일본 주혈흡충 감염 조직 표본
3. 만손 주혈흡충 성충의 표본
4. 만손 주혈흡충 유충 조직 표본
5. 만손 주혈흡충 sporocyst 조직 표본
6. 만손 주혈흡충 감염 조직 표본(간)
7. 만손 주혈흡충 감염 조직 표본(장)
8. 방광 주혈흡충의 조직 표본

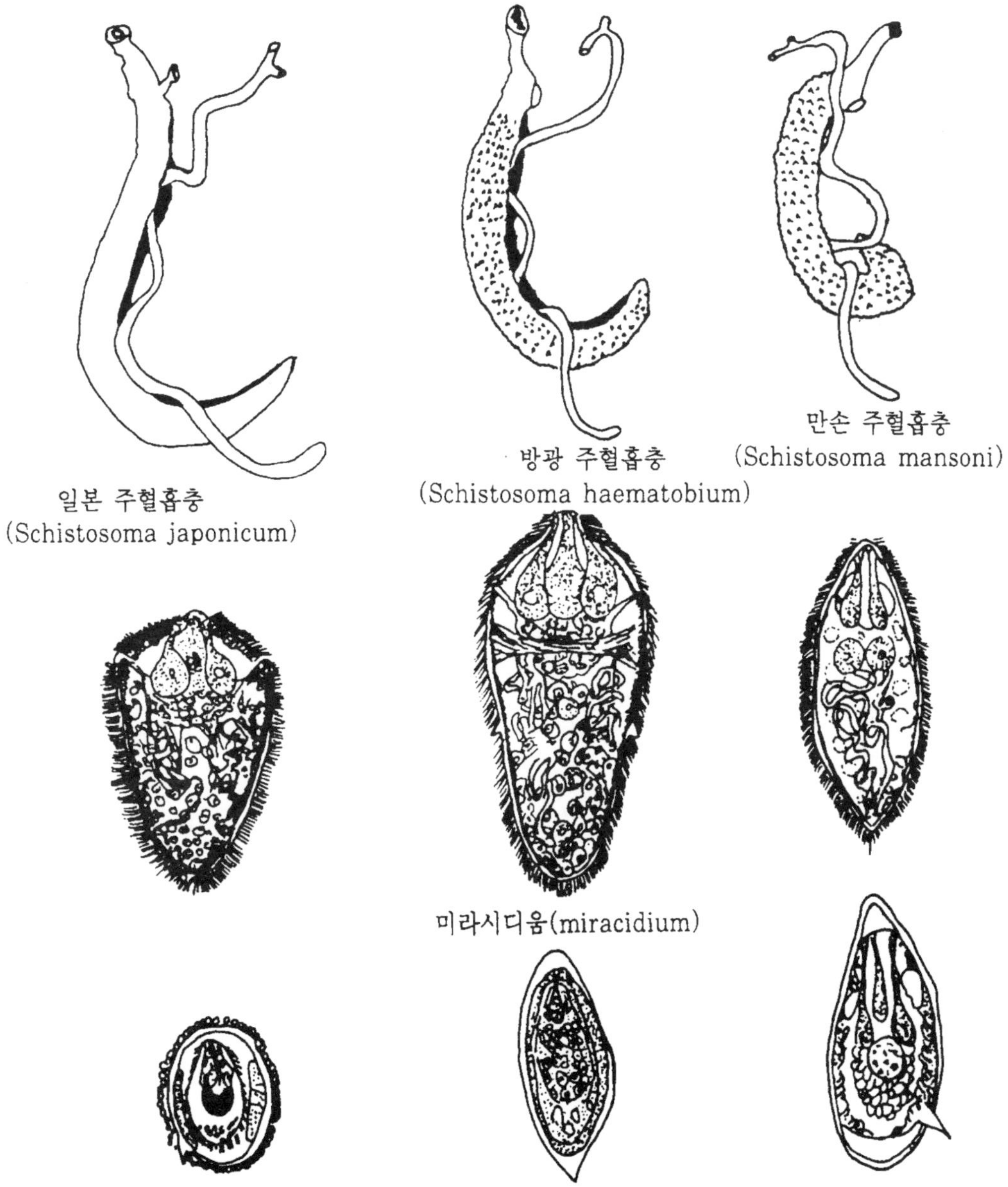

그림 4.11 주혈흡충의 형태(Morphology of Schistosoma spp.)

05 각종 연충류의 충란 및 세균, 효모, 아포

1. 회충 수정란(*Ascaris lumbricoised* fertilized egg)
2. 회충 미수정란(*Ascaris lumbricoides* nonfertilized egg)
3. 두비니 구충란(*Ancylostoma duodenale*)
4. 두비니구충 수태란(*Ancylostoma duodenale* embryonate egg)
5. 요충란(*Enterobius vermicularis*)
6. 편충란(*Trichuris trichiura*)
7. 동양모양 선충란(*Trichostrongylus orientalis*)
8. 일본 주혈흡충란(*Schistosoma japonicum*)
9. 폐흡충란(*Paragonimus westermani*)
10. 배대흡충란(*Fasciolopsis buski*)
11. 광절 열두조충란(*Diphyllobothrium latum*)
12. 만손 열두조충란(*Diphyllobothrium mansoni*)
13. 간흡충란(*Clonorchis sinensis*)
14. 요코가오 흡충란(*Metagonimus yokogawai*)
15. 조충란(*Taenia solium, Taenia saginata*)
16. 쥐조충란(*Hymenolepis diminuta*)
17. 왜소조충란(*Hymenolepis nana*)
18. 개조충란(*Dipylidium caninum*)

주의 사항

충란과 대변 내의 이물질을 감별할 수 있어야 한다.
기포가 생기지 않도록 주의하여 카바 유리를 잘 덮고, 표본액이 넘쳐흐르면 여과지로 흡수한다.

현미경 투과 광량을 잘 조절하여 약간 어둡게 보도록 한다.

저배율에서 시작하여 점차 고배율로 관찰하도록 한다.

재료에 감염성 병원체가 있을 수도 있다는 점을 항시 고려하여, 개인위생과 취급 및 청결에 각별히 유의한다.

"ㄹ"자 형으로 전시야를 검색하고 표본이 마르지 않도록 주의한다.

충란 검사 : 인체내 기생 연충류는 장관 내에서 산란 배출함으로 검변을 통하여 확인할 수 있다. 기생충병 진단에는 검변하는 것이 기본적 조치가 된다. 그러나 검변을 하여도 확진하지 못하는 경우가 있다는 점에 유의해야 한다.

검변으로 진단되는 기생충은 회충, 구충, 편충, 요충, 동양모양 선충, 폐흡충, 간흡충, 요코가와흡충, 왜소조충 및 광절열두조충 등이다.

예외적으로 일본주혈흡충, 유구조충과 무구조충란이 검변시 확인되기도 한다. 주혈흡충은 장벽 병변 상황에 의하여 장관 내로 충란이 유출되며, 유구조충, 무구조충란은 수태편절(gravid proglottid)이 장내에서 파열될 때 충란이 장내로 유출되기 때문이다.

지방병으로 불리는 폐흡충, 간흡충란은 유행지역에서 흔히 검출되나 유행 지역 외에는 검출되는 일이 많지 않다.

장내 기생충인 경우 검변에서 충란을 확인하지 못하는 경우가 있는데, 그 이유는 다음과 같다.

1. 산란공(genital pore)이 없는 기생충(*Taenia solium*, *Taenia saginata*)
2. 장내에서 산란하지 않는 기생충(요충)
3. male worm만 기생할 경우
4. heterotopic parasitism, ectopic parasitism하는 경우(회충이 폐 속에 침입)
5. 기생충 수가 극히 적을 겨우
6. 산란 능력 저하시(유약, 노회, 투약 직후)
7. 유충만 기생하는 경우

각종 기생충의 일일 산란수(Eggs per day per female)

회충	150,000 (수정란)	Caldwell et al. 1930
	240,000 (수정란)	Brown & Cort 1927
	6,000~11,000 (미수정란)	Yokogawa & Ohshima. 1956
두비니구충	22,000	Soper 1927
아메리카구충	9,000	Stoll 1923
	10,000	Soper 1927
편충	5,000~7,000	Spinder 1929
동양모양선충	50~260	
일본주혈흡충	3,500	Moore & Sandground 1956
	3~137	Hseu et. al. 1956
만손주혈흡충	300	Moore & Sandground 1956
간흡충	600~1,500	Yoshida & Sai 1959
	4,200~7,000	Saito & Hori 1964
폐흡충	10,000~20,000	
요코가와 흡충	280	Oshima 1964
비대 흡충	25,000	Stoll et. al. 1927

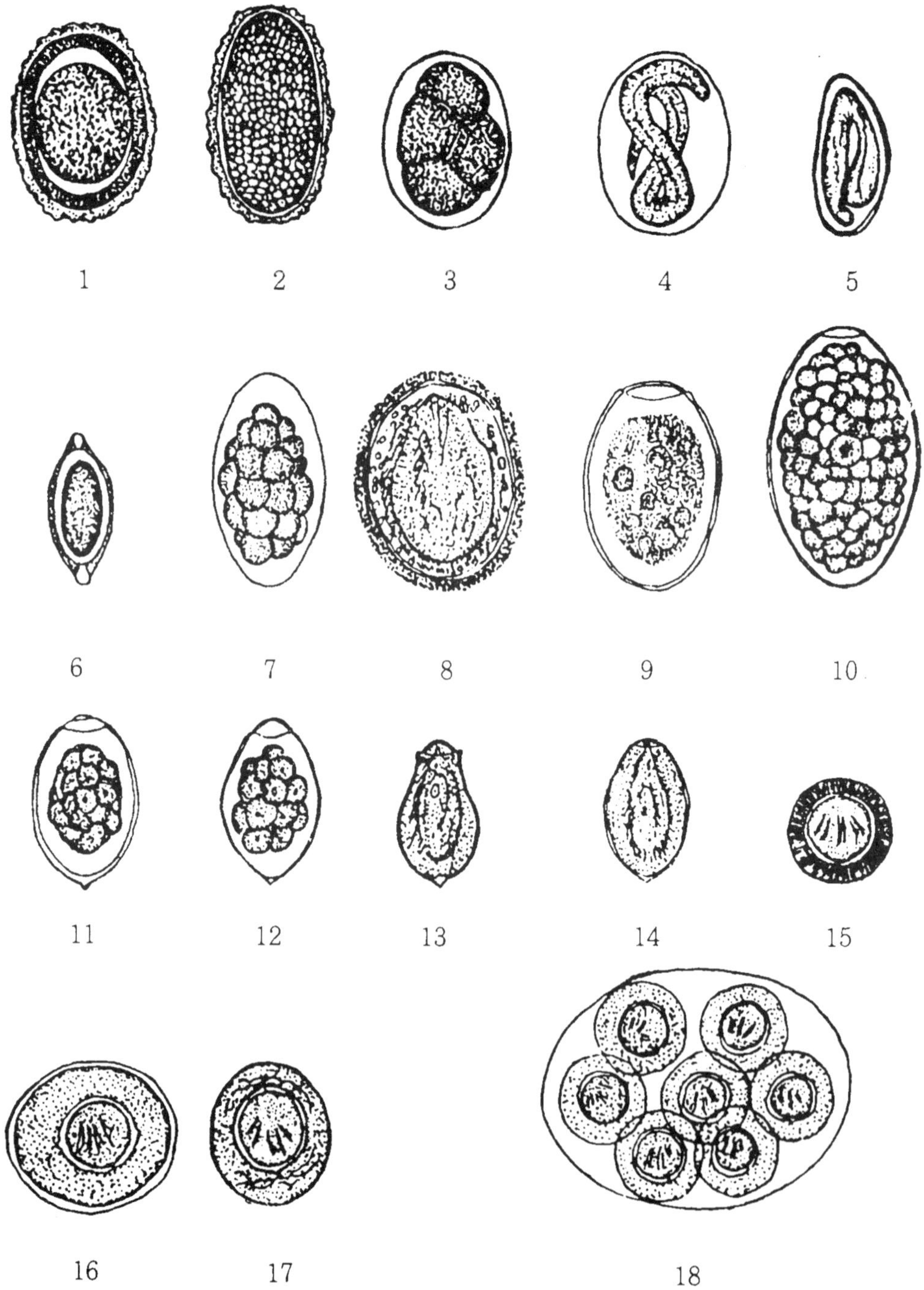

그림 5.1 각종 연충란

그림 5.2 분변에서 충란과 혼동되는 세포들

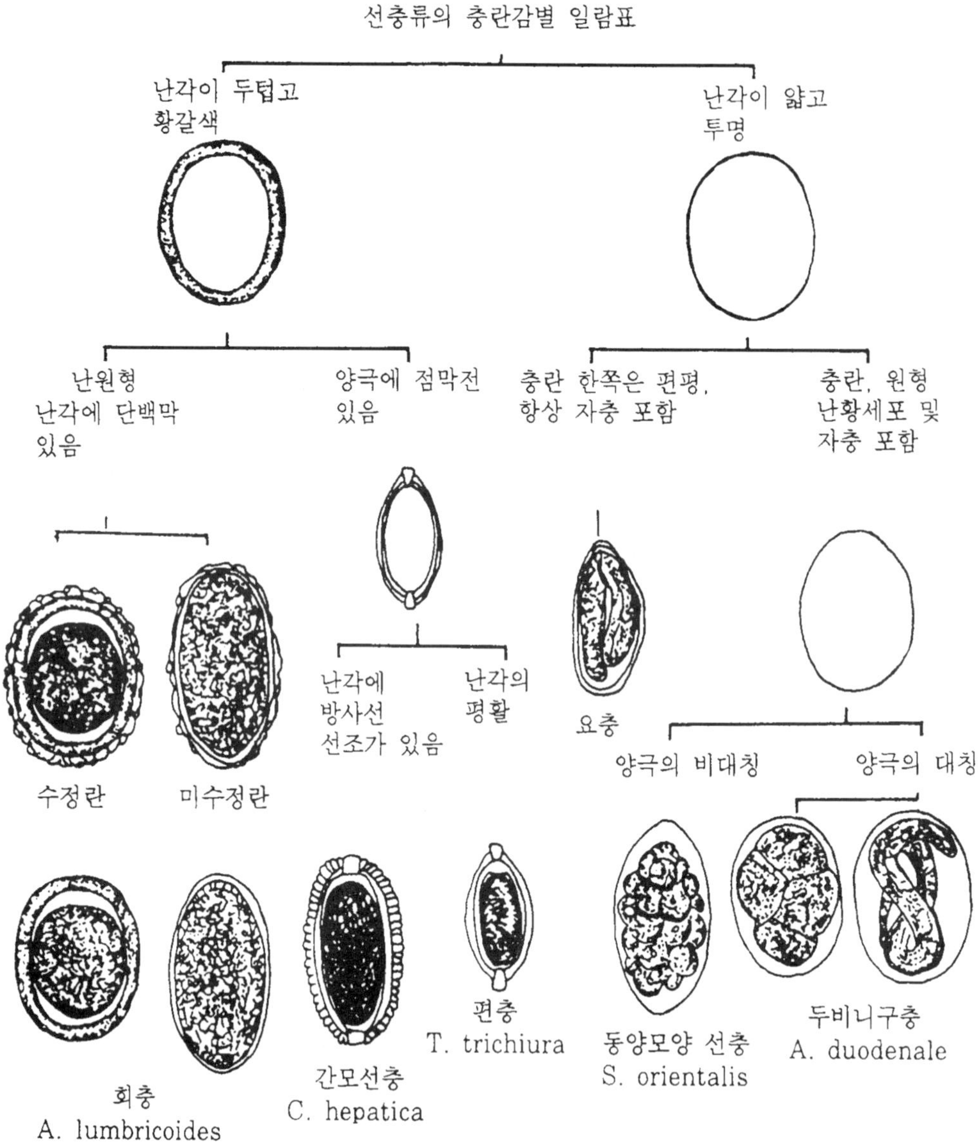

그림 5.3 선충류의 충란 감별 일람표

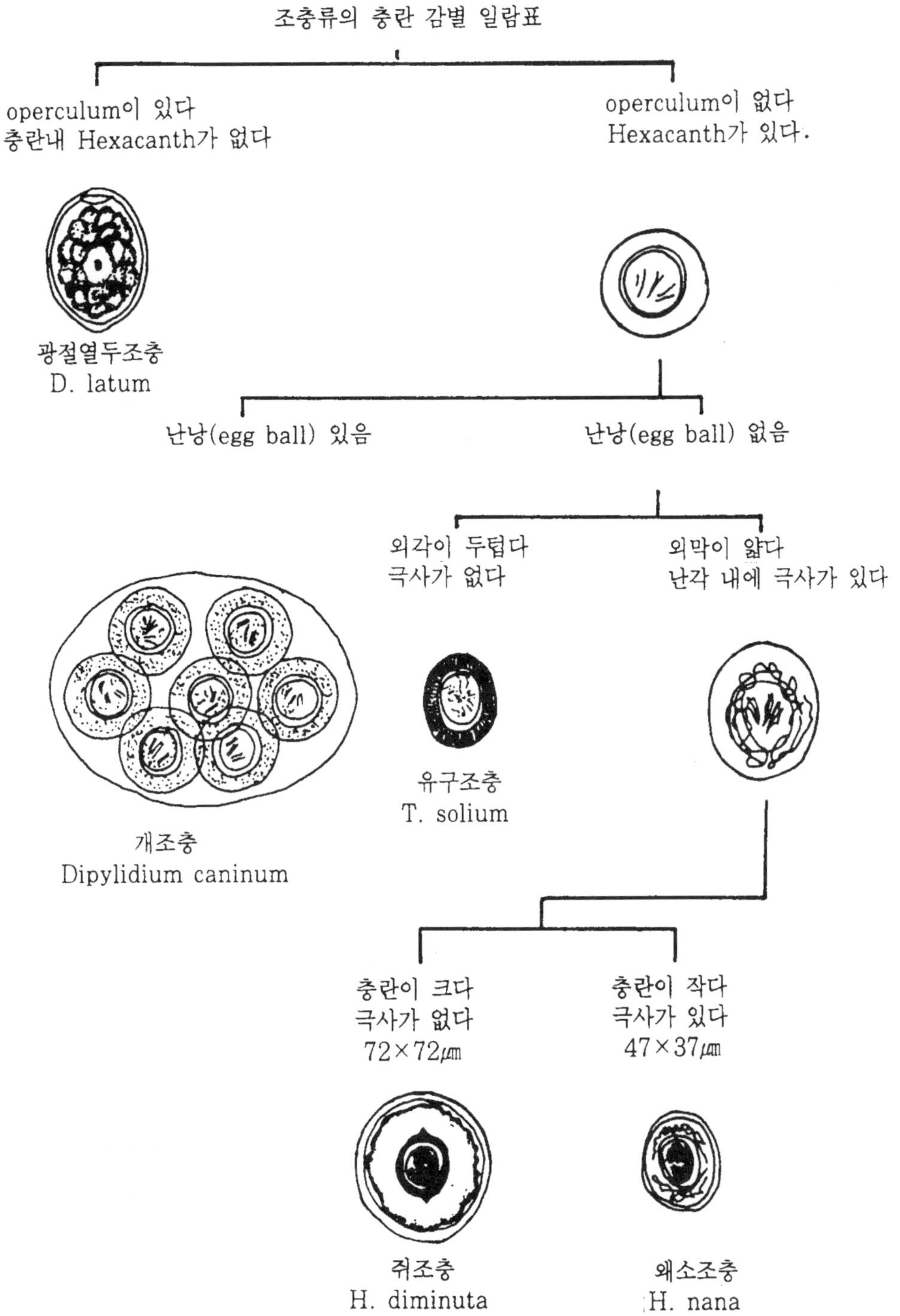

그림 5.4 조충류의 충란 감별 일람표

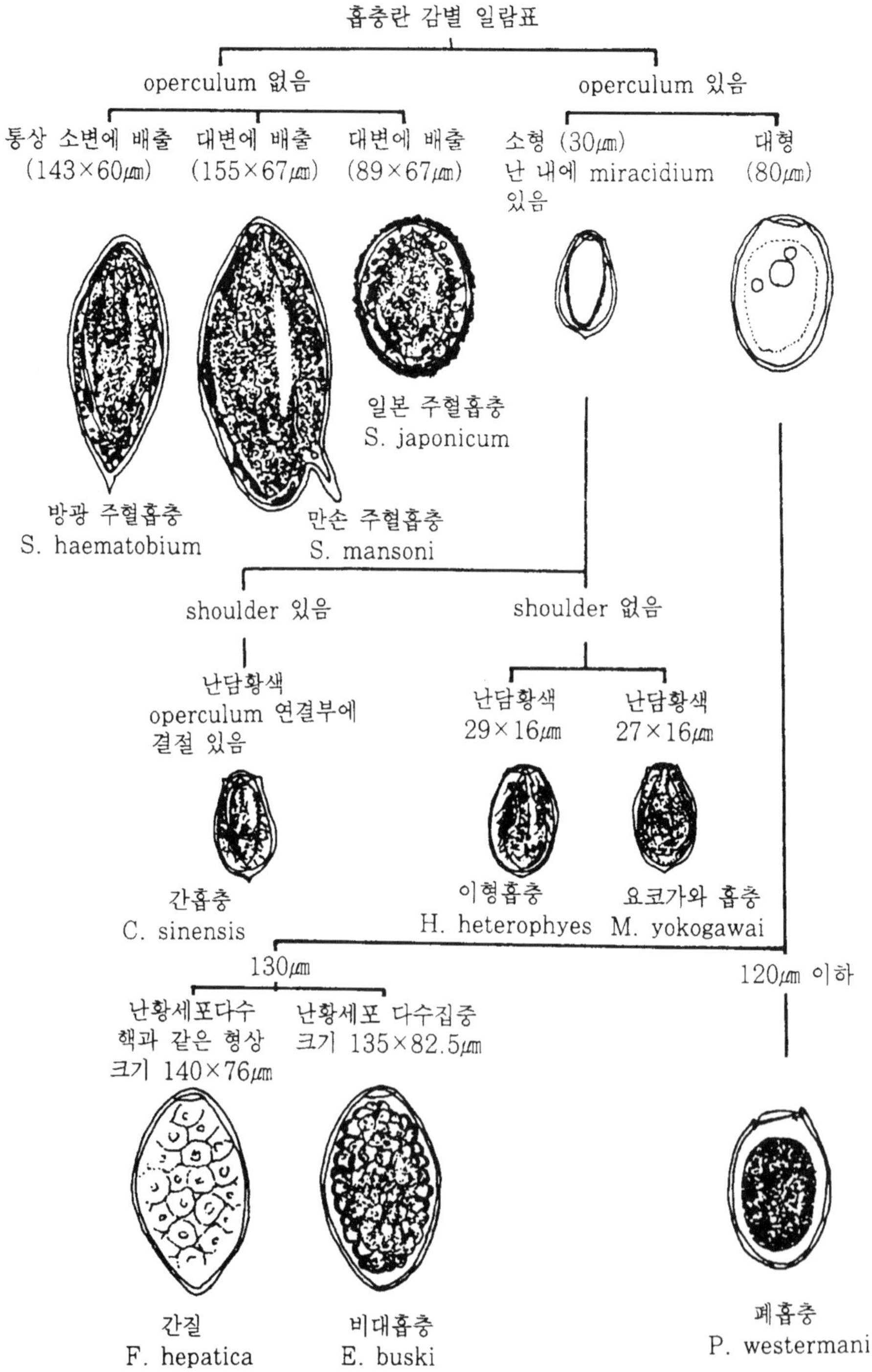

그림 5.5 흡충류의 충란 감별 일람표

06 장내 기생 원충류의 실습

1. 목 표

1. 검변시 관찰되는 원충의 포낭을 요오드 염색하여 감별할 수 있어야 한다.

2. 개 요

원충류(Protozoa)는 단일 세포로 단일 집락(colony)을 형성하면서 살아가는 단세포동물을 말하며, 고등동물에서 여러 개의 특수한 세포들이 하는 일을 단 1개의 세포 내에서 처리할 수 있는 완벽한 1개의 생명체이다. 원충류의 구조는 세포막, 세포질, 핵으로 구성되며 세포막은 얇고 투명하다.

세포질은 내형질과 외형질로 구분이 된다. 이곳에는 소운동 기관인 섬모(cilia), 편모(flagella), 파동막(undulating membrane), 위족(pseudopodia), 입주변부(peristome), 세포인두(cytopharnyx), 배설구(cytopyge) 등이 있어, 운동, 음식물 섭취, 배설, 호흡, 방어의 기능을 담당한다.

내형질은 굴절성을 가진 과립상으로, 대사 작용, 생식을 관장하는 핵 이외에 식포(food vacuole), 크로마틴양체(chromatoidal body), 글리코겐 공포(glycogen vacuole) 등이 보인다.

아메바 속에서는 핵소체의 위치와 형태에 따라 그 종을 동정한다.

원충의 생식방법은 무성생식의 방법과 무성생식과 유성생식이 교차되는 방식이 있다. 종류에 따라 분열의 양상에 차이가 있지만, 무성생식의 경우 이분열법(binary fission)으로 근족충류는 일정한 방향 없이 분열하며, 편모충류는 종으로, 섬모충류는 횡으로, 포자충류는 모단위로 분열 생식한다. 그리고 말라리아 원충의 경우는 무성생식과 유성생식을 반복하여 분열과 생식을 하는데, 인체 내에서는 무성생식으로 분열하지만 모기 체내에서는 웅성생식모체(♂)와 자성생식모체(♀)가 결합하여 접합자(gygote)라는 유성생식체를 형성한다.

검사방법으로는 설사변에서 가검물을 채취하여 슬라이드 글라스에 도말하고, 생리 식염수를 한 방울 가하여 잘 혼합한 후 커버 글라스를 덮고 검경한다.

일부는 위와 같은 방법으로 조작한 후에 lugol 용액을 한 방울 가하여 혼합, 염색한 후 검경한다. 이때 혼합액이 넘치면 여과지로 흡수한다.

저배율로 원충을 찾은 후 다시 고배율로 구조를 자세히 관찰하고, 표본의 물기가 적당히 마르면 커버 유리 위에 immersion oil을 한 방울 떨어뜨리고 유침렌즈로 보다 자세히 구조를 살핀다.

가능하면 micrometer로 원충의 크기를 측정한다.

인체 기생 Endamoebidae 검색표
Key to Endamoebidae of man

1. Found in mouth: trophozoite similar to *Entamoeba coli*; no cyst stage, however ································ 치은 아메바 *Entamoeba gingivalis*

   Found in feces; ································ **2**

2. Trophozoite form; found in diarrhoeic or dysenteric stools by direct saline slide method **3**

   Cyst stage; found in formed stool usually by concentration (stained with iodine) ·········· **6**

3. Pseudopod formation explosive; often red blood cells inside parasite; 18 to 25㎛ in diameter ································ 이질 아메바 *Entamoeba histolytica*

   Pseudopod formation not explosive; never red cells(RBC) inside parasite ························ **4**

4. Relatively large 20 to 30㎛ in diameter ································ 대장 아메바 *Entamoeba coli*

   Smaller, 5 to 20㎛ in diameter ································ **5**

5. Pronounced vaculoes(glycogen vacuoles) present; 8 to 20㎛ in diameter ································ 요오드 아메바 *Iodoamoeba butschlii*

   Usually no pronounced vacuoles present; 5 to 12㎛ in diameter; can be differentiated best in stained preparations; Endolimax usually rounded ································ 이핵아메바 *Dientamoeba fragilis*, 왜소 아메바 *Endolimax nana*

6. Irregular shaped cyst; 5 to 18㎛ in diameter; distinct glycogen vacuoles present ································ 요오드 아메바 *Iodoamoeba butschlii*

   Round cysts ································ **8**

7. Oval cyst 5 to 14㎛in diameter; one to four nuclei ············ 왜소 아메바 *Endolimax nana*

   Round or irregular shaped cyst ································ **6**

8. Four nuclei; cyst, 7 to 15㎛ in diameter ···················· 이질 아메바 *Entamoeba histolytica*

   Eight nuclei; cyst 10 to 33㎛ in diameter ································ 대장 아메바 *Entamoeba coli*

염색된 인체 내 기생 아메바 영양형의 검색표
Key to Trophozoite of Entamoebidae of man

1. Two nuclei present; trophozoite 5 to 12㎛ in diameter and usually round ·························· 이핵 아메바 *Dientamoeba fragilis*

   One nucleus present ·························· **2**

2. Distinct glycogen vacuoles present; trophozoite 8 to 20㎛ in diameter ·························· 요오드 아메바 *Iodoamoeba butschlii*

   No distinct glycogen vacuoles ·························· **3**

3. Karyosome a single black mass of chromatin; trophozoite 8 to 10㎛ in diameter ·························· 왜소 아메바 *Endolimax nana*

   Karyosome 4 rather small spot of chromatin; periphery of nucleus become a ring of chromatin ·························· **4**

4. Karyosome eccentric; peripheral chromatin relatively dense; trophozoite 20 to 30㎛ in diameter ·························· 대장 아메바 *Entamoeba coli*

   Karyosome central; peripheral chromatin relatively thin; trophozoite 18 to 25㎛ in diameter; often RBC present ·························· 이질 아메바 *Entamoeba histolytica*

염색된 인체 기생 아메바 포낭 검색표
Key to Cysts of Entamoebidae of man

1. Round cysts ··· **2**
   cysts not round ··· **3**
2. Four nuclei morphologically identical with trophozoite nucleus; sometimes a chromatoid bar with round ends present; cyst 4 to 20㎛ in diameter ·· 이질 아메바 *Entamoeba histolytica*
   Eight nuclei morphologically identical with trophozoite nucleus; sometimes a chromatoid bar with splintered ends present; cyst 10 to 33㎛ in diameter 대장 아메바 *Entamoeba coli*
3. Cyst oval; one to four nuclei present which have large karyosomes; nuclear membrane indistinct; cyst 5 to 14㎛ in diameter ·································· 왜소 아메바 *Endolimax nana*
   Cyst irregular in shape; usually one nucleus; glycogen vacuoles distinct; cyst 5 ot 20㎛ in diameter ·· 요오드 아메바 *Iodoamoeba butschlii*
   CF. The majority is of practical importance in differentiation; It is possible to group the trophozoites ax follow; Small, less than 10㎛ ·· 이질 아메바 *E. histolytica*(small race), 왜소 아메바 *E. nana*
   Medium to small, 10 to 12㎛ ················ 요드 아메바 *I. butschlii*, 이핵 아메바 *D. fragilis*
   Medium 12 to 14㎛ ································ 이질 아메바 E. histolytica(from non dysenteric)
   Large, 18 or more microns ·· 대장 아메바 E. coli, 이질 아메바 ··· *E. histolytica*(large race from cases of amoebic dysentery)

Entamoebidae	Trophozoite	Cyst	Nucleus
이질 아메바 E. histolytica			
대장 아메바 E. coli			
치은 아메바 E. gingivalis			
왜소 아메바 Endolimax nana			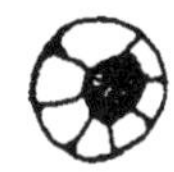
요오드 아메바 Iodamoeba butschlii		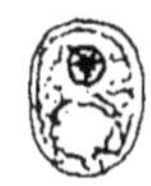	
E. hartmanni			
E. polecki			
E. moshkovski		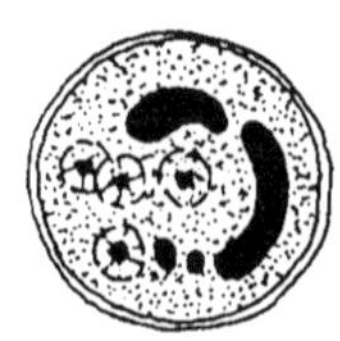	

그림 6.1 장내 기생 아메바의 영양형, 포낭 및 핵의 구조

장 내에 기생하는 원충류(protozoa)

실습 31 이질 아메바

(*Entamoeba histolytica*)

실시일 : ______ 학번 : ______ 성명 : ______

1. 목 표

1. 이질 아메바의 포낭 및 영양형을 도시할 수 있어야 한다.
2. 장아메바증의 육안 및 조직학적 병리소견을 기술할 수 있어야 한다.

2. 형 태

〈영양형 (일명 운동형)(Trophozoite)〉

크기 : 18~40, 평균 20~30㎛
핵 : 충체 내에 통상 하나가 있다.
색깔 : 무색 투명
위족(Pseudopodia)은 세포질이 청백색으로 빛나는 과립상으로 보인다. 염색하지 않은 것은 핵이 보이지 않는다.
포식한 적혈구가 보인다.
염색시 핵은 잘 보이며 특히 핵막 주변에 크로마틴 과립(chromatin granules)이 규칙적으로 배열된 것과 핵소체(karyosome)가 중심에 위치한 것이 나타난다.

〈포낭 (일명 정지형)(Cyst)〉

포낭은 저배율로 관찰하면 굴절성이 강한 청백색으로 빛나는 원형으로 나타난다.
세포질 내에는 봉상인 크로마틴 양체(chromatoidal body)와 글리코겐 공포(glycogen vacuoles)가 보이는 수도 있다.

크기 : 10~15㎛
형상 : 원형
핵 및 핵의 수 : 통상 한 포낭 속에 4개의 핵을 가진다. 염색하여 보면 핵은 주변에 핵 물질이 밀집되어 있으며 핵소체는 핵의 중앙에 위치한다.
기생 부위 : 대장
병원성 : 있음

3. 주의 사항

1. 신선한 설사변에서 배설 즉시 검경시는 이질 아메바의 영양형을 발견하기 쉬우나 배변 후 시간이 경과하면 영양형은 발견하기 곤란하다. 반면 고형변(formed stool)에서는 포낭(cyst)이 잘 잘 나타난다.
2. 수돗물로 희석할 때는 영양형이 파손되기 쉽다.
3. 일반적으로 이질아메바는 광선을 많이 투과시키므로 현미경의 조리개를 조절하여 시야를 어둡게 조절해야 검경에 편하다.
4. 우선 포낭과 대변내 이물질을 구별하여야 한다.
5. 관찰시 미동나사를 돌려가며 여러 optical section을 만들어야 구조를 모두 관찰할 수 있다.
6. 핵의 수, 모양, chromatoidal body, glycogen granule, food vacuole 등을 관찰한다.

4. 재 료

1. 이질 아메바의 포낭
2. 0.2% 요오드액
3. Slide glass 및 Cover glass
4. 면봉

5. 표본 Slides

1. 이질 아메바의 영양형 도말 표본
2. 이질 아메바 감염 조직 표본
3. 이질 아메바 포낭 도말 표본

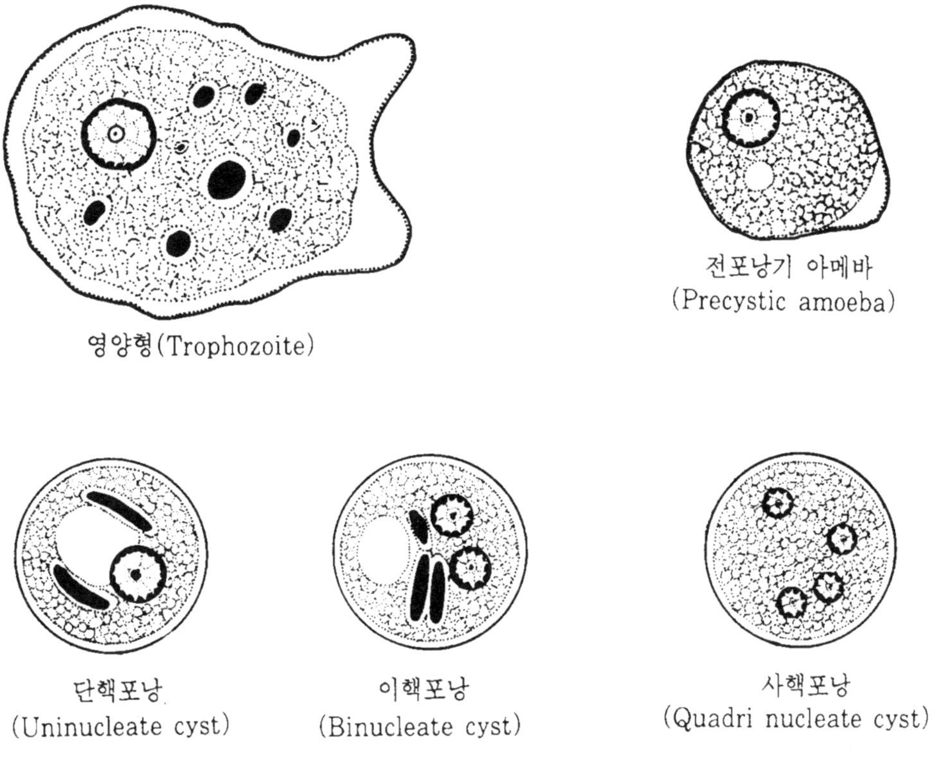

그림 6.2 이질 아메바(*Entamoeba histolytica*)의 모형도

실 습 32

대장 아메바

(*Entamoeba coli*)

실시일 : ________ 학번 : ________ 성명 : ________

1. 목 표

1. 대장 아메바의 포낭 및 영양형을 감별할 수 있어야 한다.
2. 대장 아메바와 이질 아메바의 형태학적 차이점을 감별할 수 있어야 한다.

2. 형 태

대장 아메바는 사람의 대장에 기생하며 비병원성 아메바이다. 그러나 이질 아메바와 형태가 유사하므로 감별이 필요하다.

〈영양형 (Trophozoite)〉

크기 : 15~50㎛, 평균 20~30㎛
위족의 운동성이 완만하고 세포질은 확실하지 않으며, 세포질 내에 포식한 세균이 많다.

〈포 낭 (Cyst)〉

크기 : 10~30㎛
형상 : 원형, 구형
핵 : 대체로 8개

염색 표본에서는 핵소체 위치가 중앙부에 있지 않고 편재성으로 되어 있으며, 핵막 주위에 크로마틴이 불규칙하게 배열되고 핵소체 위치가 중심에서 편재성이다. 핵소체의 크기는 이질 아메바보다 큰 편이다. chromatoidal body의 끝이 솔잎 모양으로 분기되었다는 것으로 봉상인 이질 아메바와 구별된다.

3. 재 료

1. 대장 아메바의 포낭
2. 0.2% 요오드액
3. Slide glass 및 Cover glass
4. 면봉

4. 표본 Slides

1. 대장 아메바의 포낭
2. 대장 아메바의 영양형

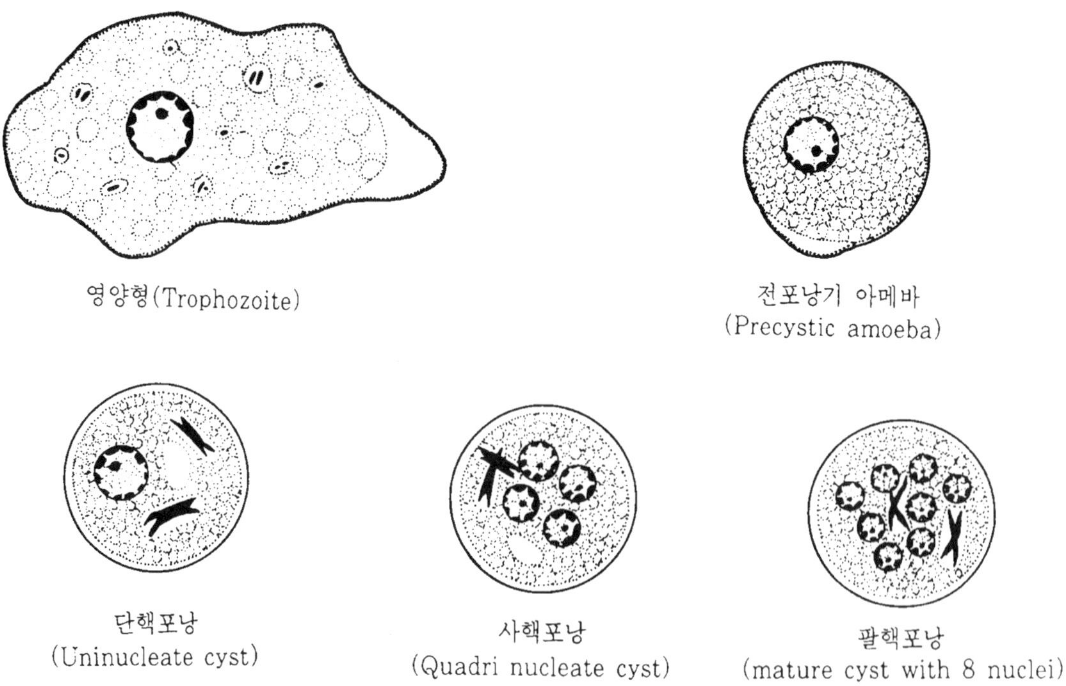

그림 6.3 대장 아메바(*Entamoeba coli*)

장내 기생 편모충류의 검색표

Key to the intestinal Flagellates of man

1. Cysts found ··· **2**
   Motile trophozoites found ··· **4**
2. Cysts pear shaped(can be differentiated from amoebas on this basis) about 7 to 10㎛ long ··· 메닐 편모충 *Chilomastix mesnili*
   Cyst ova ··· **3**
3. Cyst with four nuclei near one end; fibrils can be seen in cyst; 8 to 12㎛ diameter;(can be identified in iodine prep.) ··· 람블 편모충 *Giardia lamblia*
   Cyst with one nucleus; 4 to 7㎛ long ··· 장 후진 편모충 *Retotamons* (*Embadomonas*) *intestinalis*
   Cyst with to nucleus, one near each end; 6 to 8㎛ long ··· 맹장 편모충 *Enteromonas hominis*
4. Undulating membrane easily seen under oil immersion ··· 장 세모편모충 *Trichomonas hominis*
5. Pear shaped, flattened body with 'sucking' disk near anterior ··· 람블 편모충 *Giardia lamblia*
   No sucking disk ··· **6**
6. A posterior flagellum present; 4 to 10㎛ long ··· 맹장 편모충 *Enteromonans hominis*
   No posterior flagellum ··· **7**
7. Three anterior flagella; 6 to 20㎛ long; nucleus appears ring-like and at extreme anterior end in hematoxylin stained specimens ··· 메닐 편모충 *Chilomastix mesnili*
   Two anterior flagella; 4 to 9㎛ long ··· 장 후진 편모충 *Retortamonas*(*Embadomonas*) *intesrtinalis*

실 습 33

람블 편모충

(*Giardia lamblia*)

실시일 : ________ 학번 : ________ 성명 : ________

1. 목 표

1. 람블 편모충의 포낭 및 영양형을 식별할 수 있어야 한다.

2. 형 태

람블 편모충은 사람의 소장 상단부와 담낭에 기생하는 편모충의 일종이다.

〈영양형 (Trophozoite)〉

영양형은 서양배 모양(pear-shape)으로 좌우가 대칭적으로 되어 있다. 복측 전반부 양측에 1개씩의 커다란 흡반(sucking disc)이 있고, 각 흡반에는 체중앙선에 근접해서 난원형의 핵이 위치하며 핵소체는 중심성이다. 이 흡반으로 장벽에 흡착한다.

핵 : 2개, 앞쪽에 위치함.
편모 : 8개, 좌우에 각각 4개
크기 : 10~5×2~3㎛

〈포 낭 (Cyst)〉

크기 : 8~12×10~17㎛
형상 : 장타원형
핵 : 2~4개
포낭 속에 소섬유(fiber)가 보인다.

3. 재 료

1. 람블 편모충의 포낭
2. 0.2% 요오드액

4. 표본 Slides

1. 람블 편모충의 포낭
2. 람블 편모충의 영양형

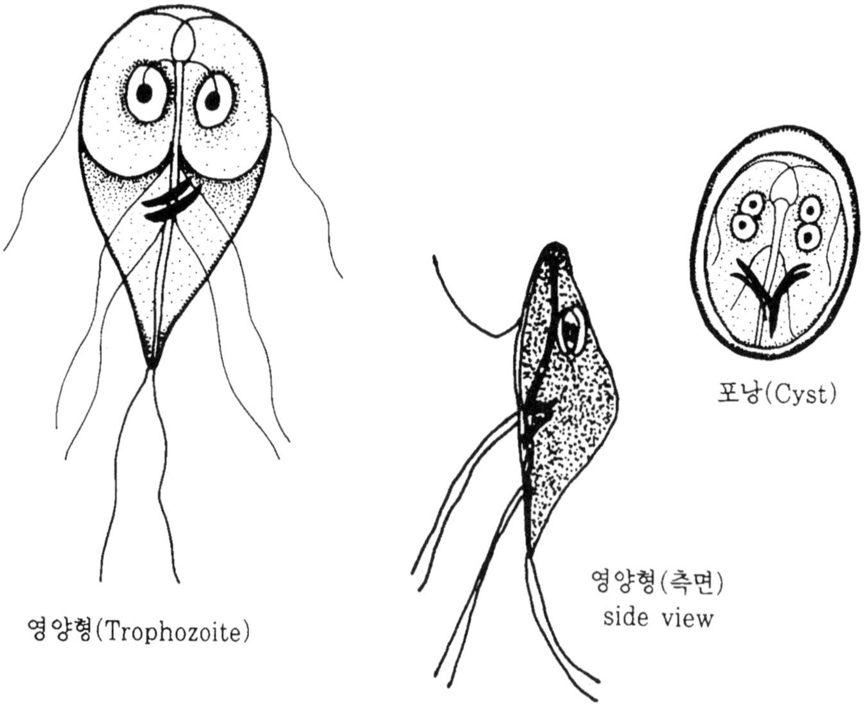

그림 6.4 람블 편모충(*Giardia lamblia*)

장내 기생 섬모충류(Intestinal Ciliata)

실 습 34

대장 섬모충

(*Balantidium coli*)

실시일 : ______ 학번 : ______ 성명 : ______

1. 목 표

1. 대장 섬모충 감염조직에서 병리학적 소견을 기술할 수 있어야 한다.
2. 대장 섬모충의 포낭과 영양형을 감별할 수 있어야 한다.

대장 섬모충은 형체가 크고 대장에 기생하며 병원성을 가지고 있다. 충체의 체표면에 섬모(cilia)가 있다. 영양형과 포낭으로 구분한다.

2. 형 태

〈영양형 (Trophozoite)〉

설사변에서 영양형을 발견하기 쉬우며, 고형변에서는 포낭(cyst)이 발견된다.
모양 : 큰 난원형이며, 섬모가 체표면을 덮고 있다. 앞쪽에는 특유한 구기(cytostome), 뒤쪽에는 배설구(cytopyge)가 보인다.

크기 : 50~80×40~60㎛
핵 : 충체의 중앙에 콩팥 모양을 한 큰 핵(macronucleus)과 큰핵에 인접하고 있는 원형으로 된 소핵(micronucleus)이 있다.

〈포낭 (Cyst)〉

모양 : 원형

크기 : 40~65㎛

포낭막 : 2중막

핵 : 큰핵이 잘 보인다.

3. 표본 Slides

1. 대장 섬모충 포낭
2. 대장 섬모충 영양형
3. 대장 섬모충의 감염 조직 표본

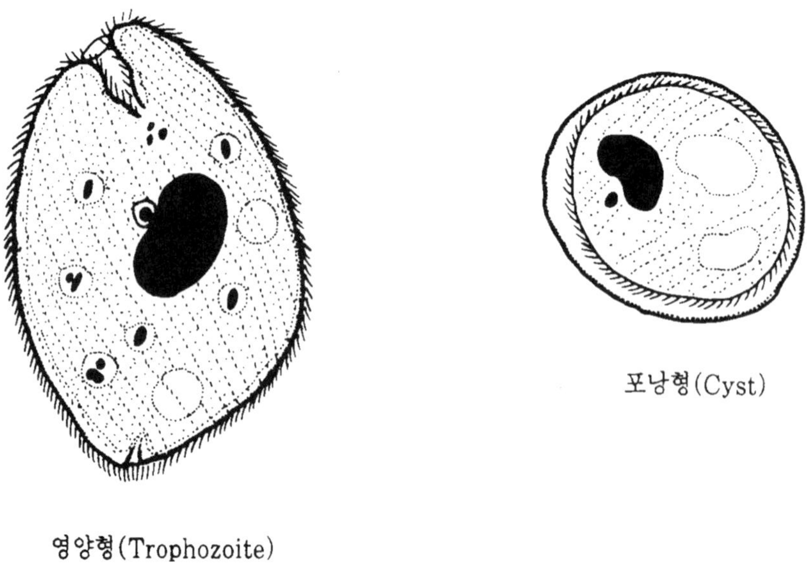

그림 6.5 대장 섬모충(*Balantidium coli*)

장관내 기생 포자충류(Intestinal sporozoa)

실 습 **35**

와포자충

(*Cryptosporidium* sp.)

실시일 : ______ 학번 : ______ 성명 : ______

1. 목 표

1. 대변의 염색표본에서 와포자충의 포낭을 감별할 수 있어야 한다.
2. Isospora와 Eimeria의 oocyst를 감별할 수 있어야 한다.

이 원충은 조류 및 포유동물의 위장관이나 기관지에 기생하며 장염, 결장염 등을 일으킨다. 최근에는 AIDS 환자의 합병증으로 병발되며 특히 2세 이하에 많고, 여행자 설사병의 하나로 취급되고 있다.

2.형 태

원형이며 구충류 중 가장 작아 oocyst의 크기가 4~5㎛이다. Oocyst내에 4개의 sporozoite를 갖고 있으며, 중간숙주는 없다.

3. 표본 Slides

1. 와포자충의 도말 표본
2. 사람 등 포자충의 감염 토끼 장 조직 표본

실 습 36 자유생활 아메바

(*Free living amoeba*)

실시일 : ______ 학번 : ______ 성명 : ______

1. 목 표

1. 병원성 자유생활 아메바 2속의 형태를 감별할 수 있어야 한다.

인체에 기생하는 아메바는 4속 6종이다. 그 중에서 병원성이 있는 것은 이질 아메바(*Entamoeba histolytica*)뿐이었다. 그러나 최근 자유 생활성 아메바(free-living amoeba) 중에서 사람에게 원발성 아메바성 뇌염(primary amoebic meningoencephalitis)을 일으키는 종류가 있음이 확인되었다.

이 아메바는 토양, 수중에 자유 생활하는 아메바이다. 그 중에서 Limax amoeba group에 속하는 *Naegleria, Acanthamoeba* 두 속(genus)이 주목되며 많은 부검 증례에서 검출되었다.

Naegleria gruberi

세계 각지 담수 중에서 서식하며 자유 생활한다. 형태는 영양형, 편모형 및 포낭으로 구분된다(그림 6.6 참조)

영양형 : 크기 14~33㎛이며 외질과 내질이 선명하다.

편모형 : 난원형으로 크기는 10~29㎛이다. 몸 앞쪽에 1~4개의 편모가 있는데, 보통 2개의 편모를 가진 것이 많다. 핵은 몸 앞쪽에 있다.

포낭 : 원형으로 크기는 9~18㎛이며 포낭막은 이중막이다. 핵은 잘 보이지 않는다.

Acanthamoeba castellanii

세계 각지 담수 및 토양 중에 서식하는 자유생활 아메바이다.

형태는 영양형과 포낭으로 구분되며 편모형이 없다(그림 6.7 참조).

영양형 : 크기는 20~40㎛이며, 짧고 투명한 위족(pseudopodia)이 보인다. 내질에는 많은 식포(food vacuole)가 있다.

2. 재 료

1. 자유생활 아메바의 영양형

3. 표본 Slides

1. 자유생활 아메바의 형태 관찰
2. 자유생활 아메바의 뇌 병변 조직 표본

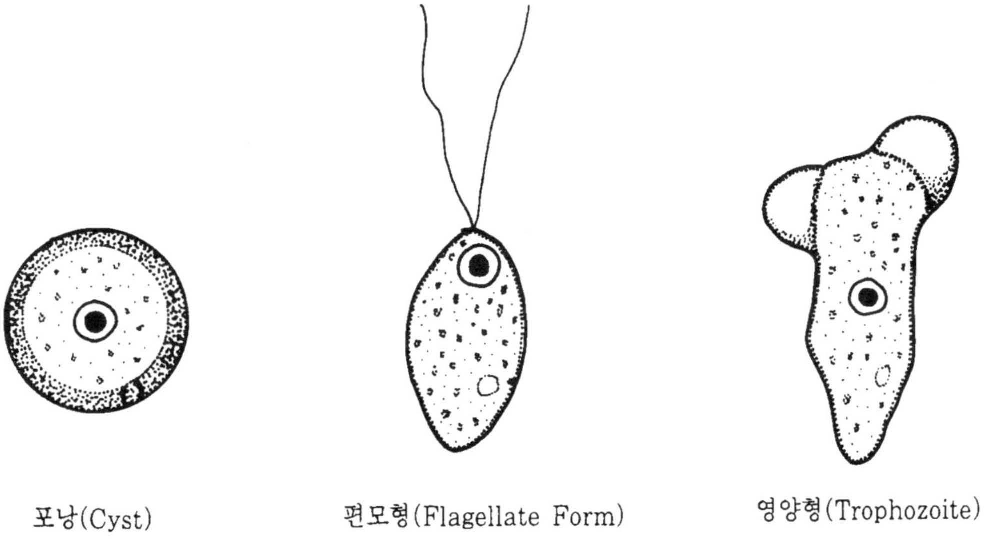

그림 6.6 *Naegleria gruberi*

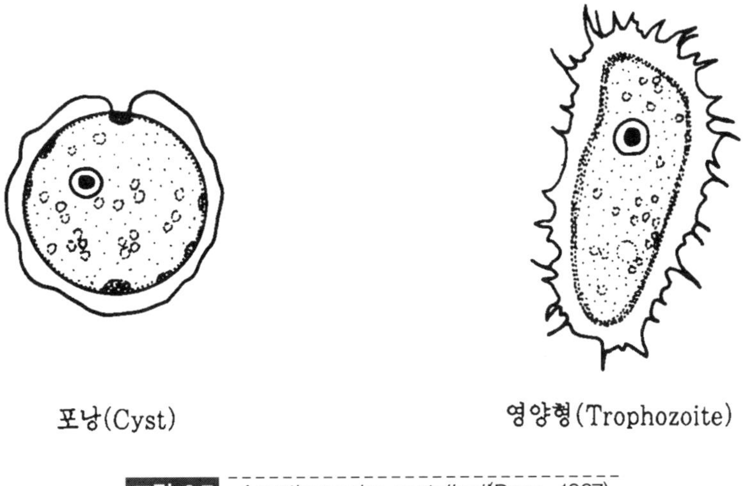

그림 6.7 *Acanthamoeba castellanii*(Page, 1967)

중추 신경계에 기생하는 원충류

실습 37

톡소포자충

(*Toxoplasma gondii*)

실시일 : ______________ 학번 : ______________ 성명 : ______________

1. 목 표

1. 검사 재료에서 톡소포자충의 tachyzoite를 식별할 수 있어야 한다.
2. 톡소포자충증 조직 내에서 관찰되는 병리학적 소견을 기술할 수 있어야 한다.

톡소포자충은 동물 분류학적으로 감염 경로가 확실하지 않은 원충이다. 톡소포자충의 인체 감염 예가 갑자기 증가되었고, 또 그 병원성에 의하여 각 방면에서 많은 주목을 받고 있다. 이것은 인체의 장기와 조직내, 특히 망상 내피세포, 신경세포와 근육 내에 기생하기도 하며 체액에서 발견되기도 한다.

뇌척수액, 복강액(복수)을 채집하여 원심 침전관에 옮기고 2,000r.p.m.으로 5분간 원심 침전한 후, 상청액을 버리고 침사물을 백금선으로 슬라이드 글라스에 도말하여 실온에서 건조시킨다. 건조된 슬라이드를 메탄올로 고정하고 giemsa액으로 염색을 한 다음 현미경으로 검사한다.

2. 형 태

형태는 영양형과 포낭으로 구분한다.

영양형 : 사람과 각종 척추동물의 조직 내에서 발육 증식하며 초생달 모양(cresent form)을 하고 있다. 크기는 3.0~6.0 × 2~4㎛이다. 핵은 충체 후단부의 둥글게 생긴 쪽에 위치한

다. 이와 같은 형태를 한 충체를 조직 내에서 발견하기도 하며, 일부는 조직이나 세포 밖에 유리된 충체를 시야에서 발견하기도 한다.

포　낭 : 만성 환자에서 흔히 나타나며 충체의 저항형으로 인체의 뇌조직 및 근육 조직 내에서 발견된다. 포낭 내에는 50~3000개의 유약한 충체가 얇은 2중막 내에 포함되어 있다. 크기는 30~50㎛이다.

3. 표본 Slides

1. 톡소포자충의 mouse 뇌조직 표본
2. 톡소포자충 복강액 도말 표본

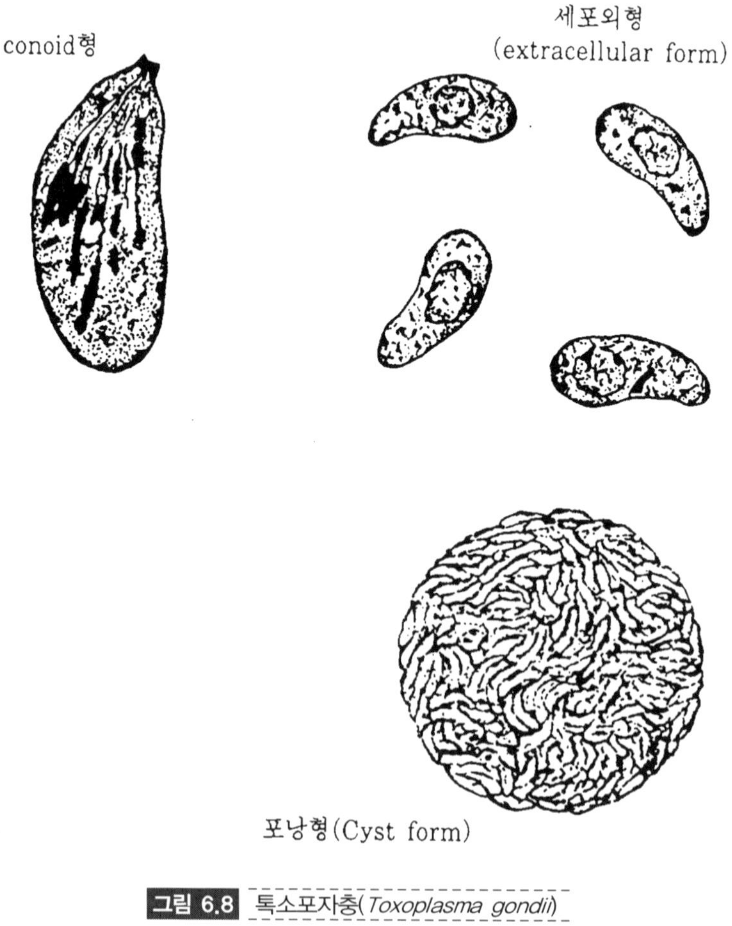

그림 6.8 톡소포자충(*Toxoplasma gondii*)

요로 및 질 내 기생 편모충류 (Urogenital Flagellate)

실습 38 질 편모충 (*Trichomonas vaginalis*)

실시일 : ____________ 학번 : ____________ 성명 : ____________

1. 목 표

1. 질 편모충의 형태를 식별할 수 있어야 한다.
2. 장 세모편모충과 형태를 감별할 수 있어야 한다.

질 편모충은 질염을 앓고 있는 부인환자, 아무 증상을 나타내지 않고 있는 남성의 요로 감염 환자의 소변에서 항상 볼 수 있다. 병원성을 가지고 있다고 주장하는 학자도 있다.
소변을 원심침전관에 담아 2,000 r.p.m.으로 2분간 원침하고, 상청액을 버리고 남은 침전물을 백금선으로 떠서 슬라이드 글라스에 바른다. 그곳에 생리 식염수를 한 방울 가하여 잘 혼합한 후 커버 글라스를 덮고 검경한다. 혹은 홀 글라스에다 현적표본을 만들어 검경하기도 한다.
질 분비물을 생리 식염수로 혼합해서 그 혼합물을 슬라이드 글라스에 도말하고, giemsa 염색 혹은 다른 염색액으로 염색하여 검경한다. 현적 표본에서는 편모충의 형체가 정상적인 서양배 모양(pear shape)을 유지하며, 편모를 가지고 활발히 운동하는 것을 볼 수 있다. 그러나 커버 글라스로 덮고 검경할 때는 형체가 변형되어 구형으로 나타나는 것도 있다. 생리 식염수를 사용시는 원충을 정상으로 유지할 수 있으나, 수돗물이나 증류수로 혼합시는 원충은 파손되어 사멸되는 사례가 있으므로 주의해야 한다.

2. 형 태

영양형만 있으며 포낭(cyst)은 없다. 모양은 서양배 모양(pear shape)이며 크기는 12~30×6~20 ㎛이다. 핵은 앞쪽에 위치하며 난원형이다. 편모와 파동막이 충체의 앞쪽에서 시작한다. 편모의 수는 4개이며 파동막은 체장의 1/3 정도까지 내려오며 운동시는 쉽게 볼 수 있으나 정지시는 잘 보이지 않는다(그림 6.9 참조).

3. 재 료

1. 잴 편모충의 영양형
2. 생리식염수

4. 표본 Slides

1. 질편모충 도말 표본

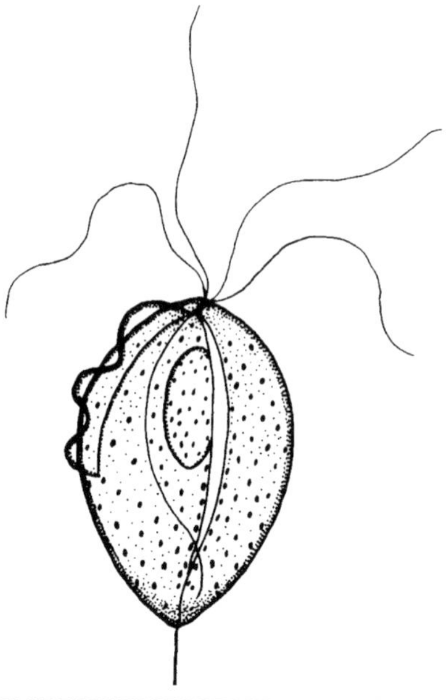

그림 6.9 질 편모충(*Trichomonas vaginalis*)의 영양형

혈액 및 조직 내 기생 편모충류 (Flagellates)

1. 목 표

1. 파동 편모충의 원충에서 관찰되는 형태학적 변이를 4가지로 구분하여 도시할 수 있어야 한다.
2. 각 편모충의 원충을 매개하는 매개 곤충들을 식별할 수 있어야 한다.

혈액 및 조직내 기생 편모충류에 속하는 것 중, 병원성이 강한 것은 파동 편모충과(Trypanosomatidae)에 속하는 원충이다.

이 원충은 다시 파동 편모충속과 리슈만 편모충속으로 구분된다. 이 원충의 형태는 사람, 척추 동물과 곤충 체내 발육 시기에 따라 형태 변화가 다양하다. 이 편모충은 조직 내에서 발육시 편모가 없는 상태로 자라고, 핵과 kintoplast는 그 위치적 관계가 특이하므로 이를 이용하여 그 발육 단계를 6가지 형으로 구분한다. Trypomastigote, Epimastigote, Promastigote, Amastigote, Opisthomastigote, Choanomastigote 형으로 세분한다(그림 6.10 참조).

명 칭	Trypomastigote Epimastigote	Promasigote Choanomastigote Amastigote	Opisthomastigote Amastigote
각기 발육형	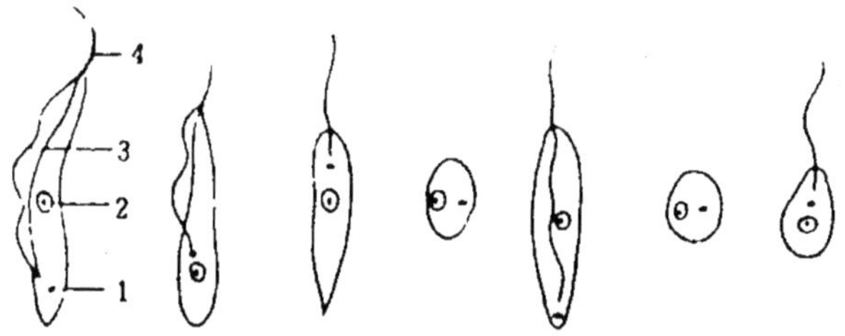 1. 운동핵질 2. 핵 3. 파동막 4. 편모		
속 명	Endotrypanum	Herpetomonas Phytomonas Leishmania Leptomonas Blastocrithidia Trypanosoma	Crithidia

그림 6.10 Trypanosomatidae 각기 발육 형태(Hoare, 1967)

혈액 및 조직 내 기생 편모충류의 검색표

Key to the Blood and Tissue Flagellates of man

1. Leishman bodies in tissue, rarely found in peripheral blood ············ **2**
   Trypanosome forms found in the peripheral blood ············ **3**
2. Found in viscera, spleen particularly ············ 내장 리슈만 편모충 *Leishmania donovani*
   Found in endothelial cells in the skin adjacent to lesions ············
   ············ 열대 리슈만 편모충 *Leishmania tropica*
   Found in heart musiles ············ 크루스 파동편모충 *Trypanosoma cruzi*
3. Polymorphic(different shape; undulating membrane not very convoluted; metachromatic granudes present; about 30μm long ············ **4**
   Not polymorphic; undulating membrane not convoluted; many "C" Shaped forms; no metachromatic granules; about 20μm long; often not numerous ············
   ············ 크루스 파동편모충 *Trypanosoma cruzi*
4. Found in Western Africa; nucleus usually central in experimental animals and usually not virulent in same ············ 감비아 파동편모충 *Trypanosoma gambiense*
   Found in eastern Africa; nucleus often terminal in experimental animals ald often virulent in same ············ 로데시아 파동편모충 *Trypanosoma rhodesiense*

실 습 39

내장 리슈만 편모충

(*Leishmania donovani*)

실시일 : ____________ 학번 : ____________ 성명 : ____________

1. 목 표

1. Kala azar 침범장기의 표본에서 amastigote를 식별할 수 있어야 한다.
2. 매개곤충들을 식별할 수 있어야 한다.

내장 리슈만 편모충(*Leishmania donovani*)은 내장 리슈만 편모충증(Visceral leishmaniasis)의 병원체가 된다. 인체내 기생 부위는 각 장기의 망상 내피계에 주로 기생한다. 따라서 비장, 간장, 골수 및 장간막 임파선 등에 기생한다. 말초혈액 내에서는 발견하기 어려우나 때때로 단핵구 또는 다핵백혈구 내에서 발견된다.

매개체 : 나방파리(*Phlebotomus sinensis*)

2. 형 태

생활사에 두 시기가 있다. 즉, 인체 내에서 나타나는 무편모 시기와 곤충내 또는 배양기 내에서 나타나는 유편모 시기이다. 무편모 시기의 충체 모양은 난원형 혹은 구형이며, 크기는 1~3㎛이고 핵은 비교적 크다.

유편모 시기의 충체는 긴 방추형(long fusiform)이며, 핵은 중앙에 위치하고 뒤쪽에 한 개의 편모가 나와 있다. 크기는 15~20×1.5~3.5㎛이고, 편모의 길이는 15~28㎛이다.

핵은 충체의 중앙부에 위치하고 있다.

4. 재 료

1. 나방파리 표본
2. 도노반 무편모충

5. 표본 Slides

1. 도노반 무편모충의 조직 표본
2. 도노반 무편모충의 도말 표본
3. 도노반 무편모충의 배양 도말 표본

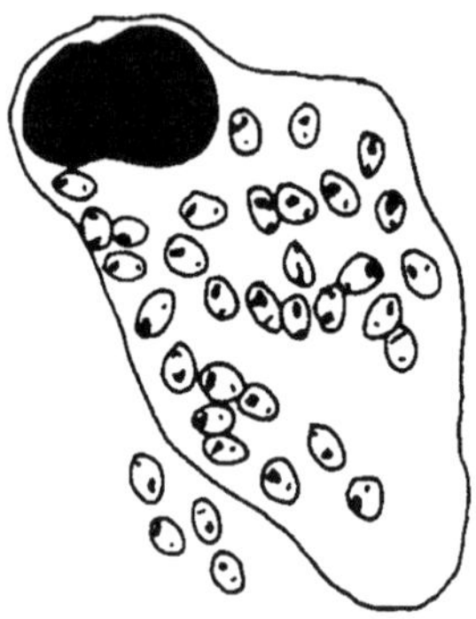

단핵구(monocyte)내 리슈마니아

배양기내 리슈마니아(culture)

그림 6.11 내장 리슈만 편모충(*leishmania donovani*)

혈액 및 조직 내 기생 주혈포자충류 검색료

Key to the blood and tissue Sporozoa

I. Ring stage

1. Ring on fifth diameter of red cell; often two or more parasites in one red ································ 열대열 원충 *P. falciparum*

   Ring one third diameter of red cell ································ **2**

2. Schuffner's dots present very early ································ 난형열 원충 *P. ovale*

   Schuffner's dots develop later ································ 삼일열 원충 *P. vivax*

   No Schuffner's dots (band forms common later) ································ 사일열 원충 *P. malariae*

II. Growing trophozoite stage

1. Usually not seen in peripheral blood ································ 열대열 원충 *P. falciparum*

   Present in periperal blood ································ **2**

2. Red cell enlarged and rare oval; Schuffner's dots appear later and less dense than above ································ 삼일열 원충 *P. vivax*

   Red cell not enlarged and often oval; Schuffner's dots appear very and dense ································ 난형열 원충 *P. ovale*

   Red cell not enlarged; band forms often seen; greenish black pigment in parasite ································ 사일열 원충 *P. malariae*

III. Schizont(segmenter) and gametocyte stages

1. Infected red cell enlarged; 18 to 20 merozoites ································ 삼일열 원충 *P. vivax*

   Infected red cell not enlarged; ································ **2**

2. Usually many oval infected red cells; resembles *P. vivax* ································ 난형열 원충 *P. ovale*

3. Gametocyte sausage shaped; segmenter not seen in peripheral blood ································ 열대열 원충 *P. falciparum*

   Gametocyte round; segmenter with 10 to 12 merozoites; greenish black pigment in parasite ································ 사일열 원충 *P. malariae*

박층 도말 염색한 말라리아 원충의 형태

MORPHOLOGY OF MALARIA PARASITES IN THIN BLOOD SMEARS

	P. vivax	P. malariae	P. falciparum
Color of Cytoplasm	light blue	deep blue	blue
Color of Pigment	yellow to brown	black	brown to black
Young Trophozoites Form	small and large	small, compact rings	small, delicate rings, often marginal
Chromatin	usually one dot	large, single dot	often double dots
Infected Blood Cell Form Stippling	enlarged, pale Schffner's	normal none	usually normal Maurer's dots
Multiple Parasites	common	rare	very common
Growing Schizonts Form Chromatin Pigment	irregular contour 2 to 10 granules fine granules or clumps	compact; oval or round 2 to 6 granules coarse granules or clumps	rarely seen; resemble P. malariae 2 to 8 small granules fine granules of a single mass

혈액 및 조직내 기생 주혈포자충류 Plasmodiae의 발육과정과 소요시간(U.S. Naval Medical center; 1965)

모기 체내 유성 생식	sporogony	소요시간
삼일열 말라리아	*Plasmodium vivax*	8~10days at 25°C
사일열 말라리아	*Plasmodium malariae*	18~21days at 22°C
열대열 말라리아	*Plasmodium flaciparum*	10~12days at 30°C

인체내 무성 생식	schizogony	소요시간
삼일열 말라리아	*Plasmodium vivax*	12~24, average 16
사일열 말라리아	*Plasmodium malariae*	6~12, average 8
열대열 말라리아	*Plasmodium flaciparum*	8~32, average 20
난형열 말라리아	*Plasmodium ovale*	6~12, average 8

인체내 잠복 기간	incubation period	소요시간
삼일열 말라리아	*Plasmodium vivax*	12~17day, average 14
사일열 말라리아	*Plasmodium malariae*	21~35day, average 28
열대열 말라리아	*Plasmodium flaciparum*	8~14day, average 12

[WHO의 표준 관찰 방법]

급성 말라리아는 후층 및 박층 도말을 1일 3회 3일간(총 9매), 만성의 경우는 매주 1회 8주간(총 8매) 검사하여 진단한다.

후층도말 표본 : 5분간 관찰

박층도말 표본 : 15분간(현미경 100시야) 관찰

[주의 사항]

1. 환자에게서 표본 작성은 발열중(발열직전 및 직후)에 하는 것이 좋다.
2. Provocation test는 epinephrine(×1000) 용액 0.5㎖를 피하주사 한 후, 20분 후에 혈액을 채취하면 된다.

실 습 40

삼일열 원충

(*Plasmodium vivax*)

실시일 : 학번 : 성명 :

1. 목 표

1. 발육 단계별 말라리아 원충의 형태를 식별할 수 있어야 한다.
2. 말라리아에서 관찰되는 장기의 병리학적 소견을 기술할 수 있어야 한다.
3. 인체에 기생하는 말라리아 원충을 혈액도말 표본에서 형태학적으로 감별할 수 있어야 한다.
4. 말라리아 진단을 위한 채혈시기 및 혈액도말 염색법을 시행할 수 있어야 한다.

삼일열 말라리아는 모기를 통하여 말라리아 원충이 인체 내에 침입하면 처음에는 간세포 내에서 일정한 발육(전적혈구형 Pre-erythrocytic form)을 하고 그 후에 적혈구에 침입하여 말라리아 특유의 임상 증상을 나타낸다.
손끝이나 귀를 주사 바늘로 찔러 혈액의 유출을 기다린 후, 깨끗한 슬라이드에 피 한 방울을 떨어뜨려 50원짜리 동전 크기로 도말한다(후층도말 thick smear).
다시 혈액을 커버 글라스에 묻혀서 슬라이드 표면에 도말하여 박층 도말(thin smear)을 작성하고, 메탄올로 고정한 후 giemsa 염색을 하여 검경한다(검사법 참조).

2. 형 태

40㎛ 크기의 원형 또는 난원형의 분열체(Schizont)가 적혈구 내에 침입하면 그 적혈구는 커진다. 적혈구의 색깔은 다른 정상 적혈구에 비하여 연하다. 윤상체(ring form)는 대개 하나만이 한 적혈구 내에 나타난다. 적혈구 내에 schuffner 반점(schuffner's dot)이 나타난다. 그 색은 담갈색이다. 발육이 진행된 적혈구 내에는 12~24개의 분자체(merozoite)가 보인다.
삼일열 말라리아 박층도말 후 Giemsa 여색을 하여 검경시 확인되는 시간

구 분	시 간
ring form	2~4
young trophozoite	10~12
amoeboid trophozoite	20~35
half grown schizont	38~40
mature schizont	46~48
gametocytes	46~48

3. 재 료

1. 채혈 lancet
2. Slide glass 및 Cover glass
3. Giemsa 액

4. 표본 Slides

1. 삼일열 원충 후층 및 박층 도말 표본

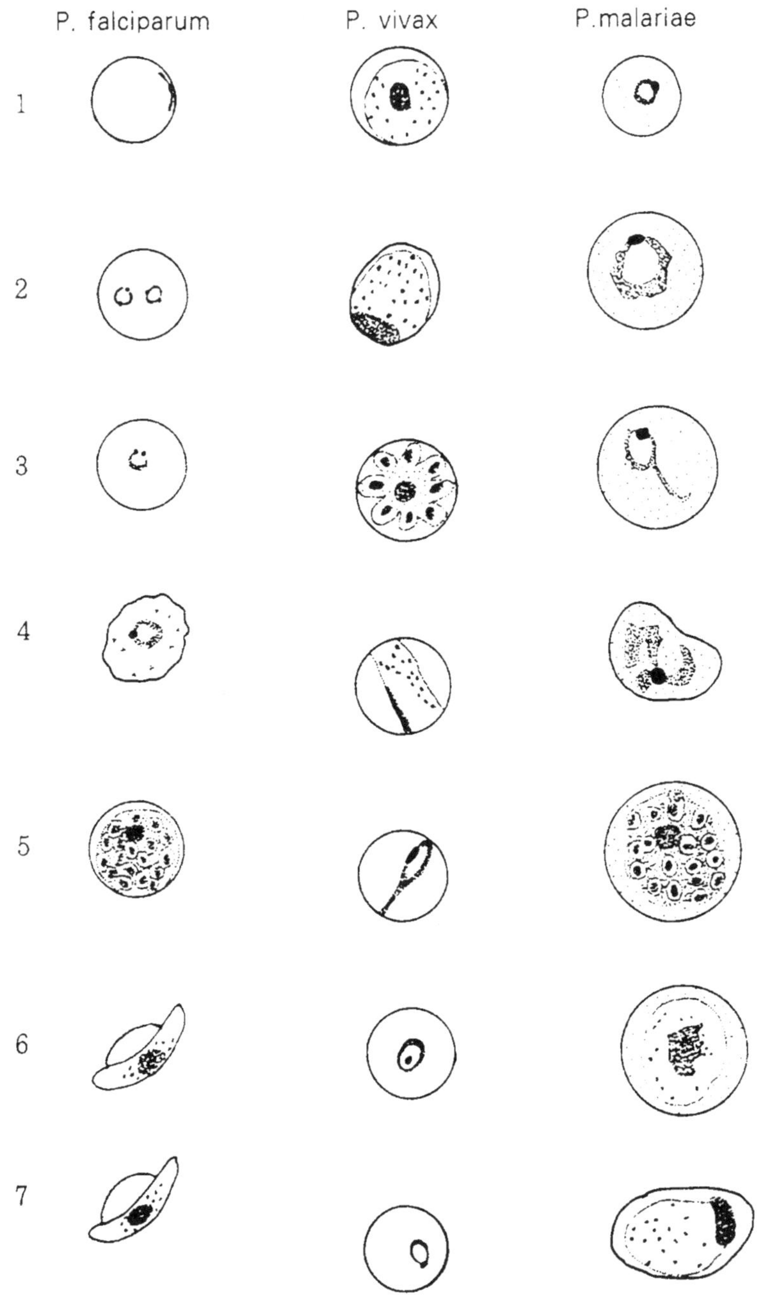

1 : 지환형(ring form)　　2~4 : 영양형(trophozoite)

5 : 분열체(schizont)　　6~7 : 상식모체(gametocytes)

그림 6.12 말라리아의 박층 도말상

실 습
41

열대열 원충

(*Plasmodium falciparum*)

실시일 : 학번 : 성명 :

1.. 목 표

1. 발육 단계별 말라리아 원충의 형태를 식별할 수 있어야 한다.
2. 말라리아에서 관찰되는 장기의 병리학적 소견을 기술할 수 있어야 한다.
3. 인체에 기생하는 말라리아 원충을 혈액도말 표본에서 형태학적으로 감별할 수 있어야 한다.
4. 말라리아 진단을 위한 채혈시기 및 혈액도말 염색법을 시행할 수 있어야 한다.

우리나라에서는 마약 중독자, 주월 기술자 및 주월 국군에게서 일시적으로 열대열 말라리아의 원충이 검출된 일이 있다.
도말 표본 작성은 삼일열 원충과 같다.

2. 형 태

열대열 말라리아의 분열체가 침입한 적혈구는 정상 적혈구와 비슷한 크기이다. 침입당한 염색 표본 적혈구 속에는 maurer 반점(maurer's dot)이 담청색으로 나타난다. 발육이 진행된 적혈구에서 반월형으로 생긴 생식 모체(gmetocyte)를 발견하기도 한다. 적혈구에 있는 18~24개의 분자체(merozoite)가 있다. 윤상체(ring form)는 다른 종류보다 적으며, 적혈구 내에서 2개 혹은 그 이상으로 나타난다.

3. 재 료

1. 채혈 침

2. Slide glass 및 Cover glass
3. Giemsa 액

4. 표본 Slides

1. 열대열 원충 후충 및 박층 도말 표본
2. 난형열 원충 후충 및 박층 도말 표본
3. 4일열 원충 후충 및 박층 도말 표본

실 습 42

크루스 파동편모충

(*Trypanosoma cruzi*)

실시일 : ____________ 학번 : ____________ 성명 : ____________

1. 목 표

1. 크루스 파동편모충을 혈액도말 표본에서 식별할 수 있어야 한다.
2. 심근 표본에서 amastigote를 식별할 수 있어야 한다.
3. Chagas 병에서 주로 침범하는 장기를 나열하고 병리학적 소견을 기술할 수 있어야 한다.
4. Chagas 병을 매개하는 매개곤충을 식별할 수 있어야 한다.

이 원충은 아메리카 파동편모충증(American trypanosomiasis), 일명 샤가스병(Chagas disease)의 병원체가 된다. 우리나라에서는 이 원충을 기생충학 교실에서 N.N.N 배지에 계대배양한 것을 가지고 실험 실습하기도 한다.
크루스 파동편모충의 원충을 얻기 곤란한 경우, 형태가 유사한 집쥐, 도랑쥐에 기생하는 쥐 파동편모충(*Trypanosoma lewisi*)을 가지고 실습하기도 한다.

2. 형 태

말초혈액에 나타나는 파동 편모충형은 방추형(fusiform)이며, 크기는 20㎛이다. 충체의 중앙에 큰 핵이 하나 있다.
좁은 파동막(undulating membrane)이 있으며 체내에 volutin 과립이 보이지 않는다. 충체의 후단에 한 개의 편모(flagella)가 있다.

매개체 : 노린재, 빈대(*Triatoma infestans*)

3. 표본 Slides

1. 크루스 파동편모충 감염 조직 표본
2. 크루스 파동편모충의 혈액 도말 표본
3. 쥐 파동 편모충의 혈액 도말 표본
4. 노린재 표본

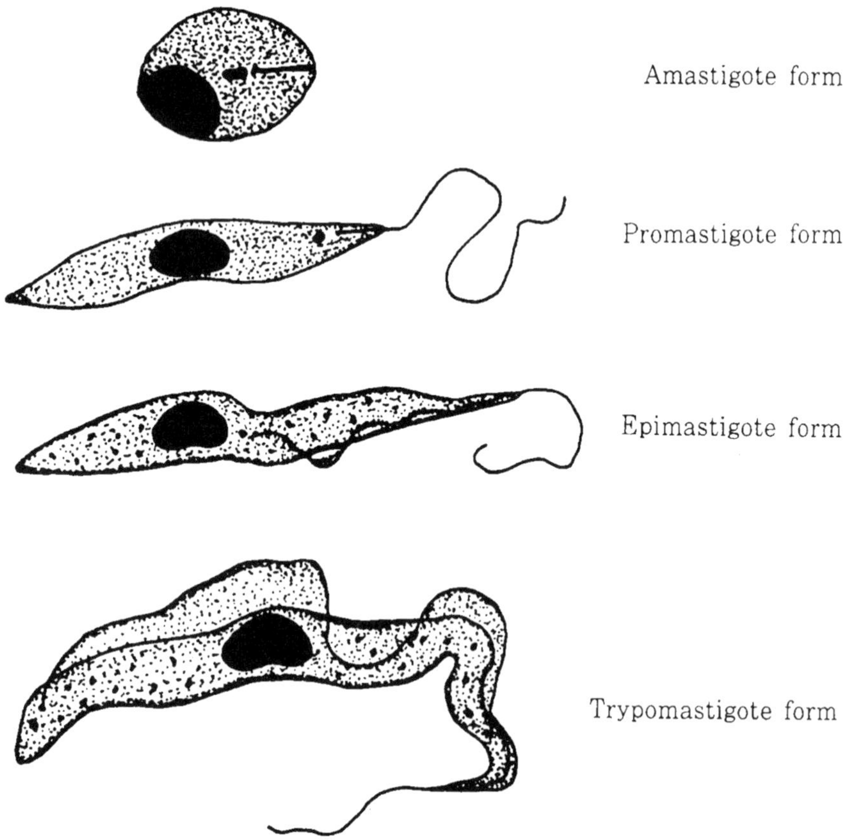

그림 6.13 파동 편모충의 형태(Morphology of *Trypanosoma*)

07 의용 곤충(Medical Entomology)

1. 목 표

1. 절지동물이 갖는 일반적인 특징을 표본에서 확인, 기술할 수 있어야 한다.
2. 의용절지동물의 개략적인 분류 및 그 형태학적 특징을 기술할 수 있어야 한다.

2. 개 요

의용 곤충들은 사람에 기생하여 해를 주기도 하고 질병을 전파하는 매개체(vector)가 되기도 하며, 체내에 병원체를 보유하여 보유 숙주(reservoir host)가 된다.

일반적으로 의용 곤충의 형태는 머리, 가슴, 배로 구분되며, 충체의 표면은 단단한 피각(chitinoid)으로 덮여 있다.

두부에는 촉각, 눈, 구기가 있고, 흉부에는 3쌍의 다리, 두 쌍의 날개가 있다. 복부에는 생식기, 산란기 및 배설기가 있다.

실습 43

진드기(*Tick*), 좀진드기(*Mite*)

실시일 : ______ 학번 : ______ 성명 : ______

1. 목 표

1. 참진드기와 좀진드기를 감별할 수 있어야 한다.
2. 털진드기와 먼지진드기를 형태학적으로 감별할 수 있어야 한다.

2. 형 태

모양 : 타원형이며 납작하다.
색 : 회백색
크기 : 0.1mm~1cm

두부, 흉부 및 복부의 구분이 명확하지 않고, 충체의 앞쪽에 돌출한 부분을 악체부(gnathosoma)라고 한다. 이것은 머리 부분과 같아 보인다. 이곳에 입과 촉각이 있다. 흉복부에 4쌍의 다리가 있다.

3. 표본 Slides

1. 참진드기의 표본
2. 먼지진드기의 표본
3. 여드름진드기의 표본
4. 옴진드기의 표본

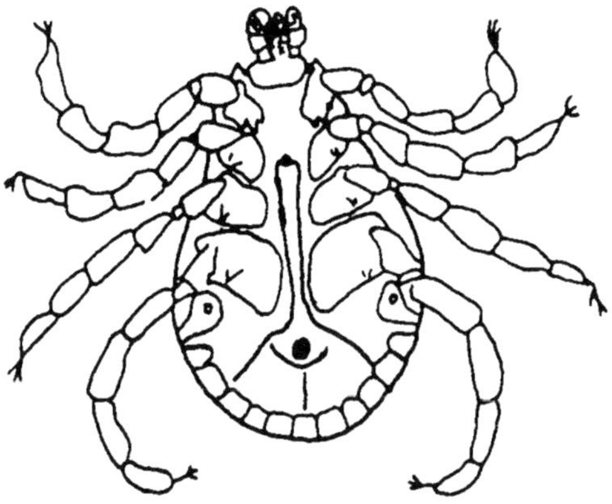

그림 7.1 참 진드기의 형태(Morphology of Tick)

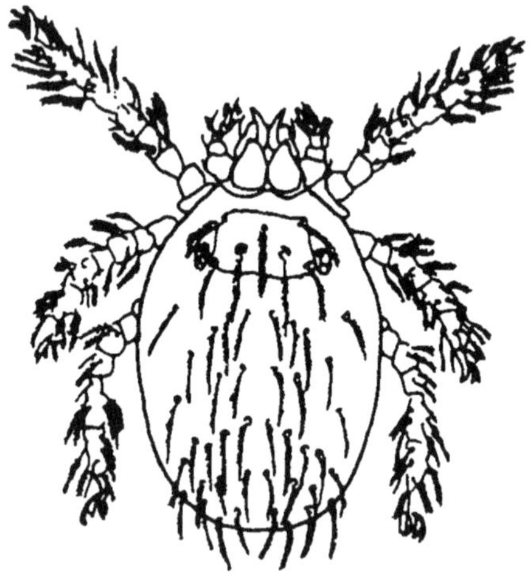

그림 7.2 좀진드기의 형태(Morphology of Mite)

실 습 44

모기

(*Mosquito*)

실시일 : ______ 학번 : ______ 성명 : ______

1. 목 표

1. 학질모기아과 및 보통모기아과의 알, 유충 및 성충을 감별할 수 있어야 한다.

2. 형 태

머리 : 반구형, 큰 복안으로 점령되어 있다.
촉각은 1쌍이며 가늘고 길다(15절로 구성), 입(proboscis)의 형상은 종류에 따라 차이가 있다.

학질모기(Anopheles) : 암, 수컷의 입은 같은 길이로 길다.
집모기(Cules) : 수컷은 길고, 암컷은 짧다.
숲모기(Aedes) : 암, 수컷의 입이 모두 짧다.
흉부 : 각종 색채, 비늘과 같은 솜털이 많다.
날개 : 가늘고 길다.

〈모기의 유출〉

모기의 유충은 머리 모양과 꼬리(tail)의 형태로 종을 구별한다.
특히 호흡관(siphon)의 모양이 특이하다.
모기가 매개하는 기생충 : 말라리아, 사상충

4. 표본 Slides

1. 모기 유충의 표본
2. 모기 성충의 표본

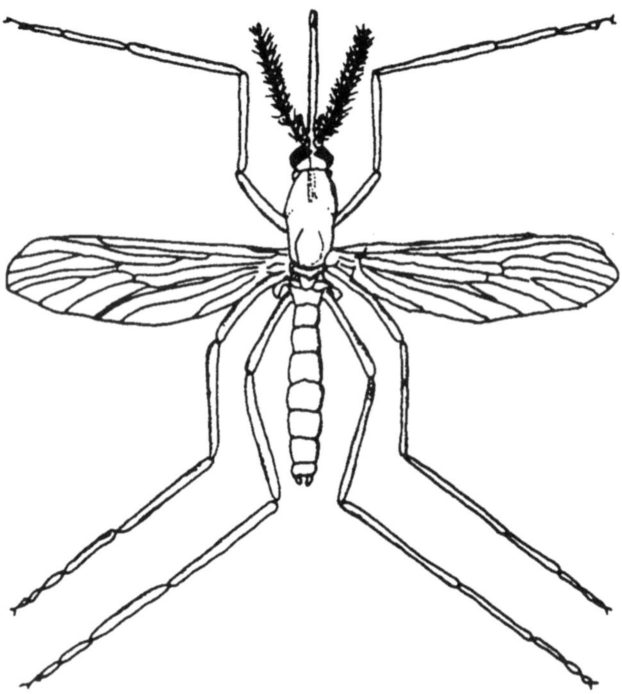

그림 7.3 모기의 형태(Morphology of mosquitoes)

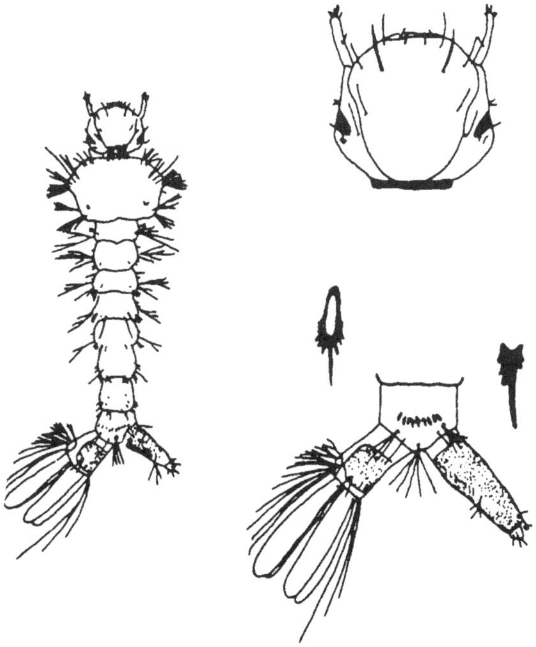

그림 7.4 집모기의 유충(Larva of *Culex*)

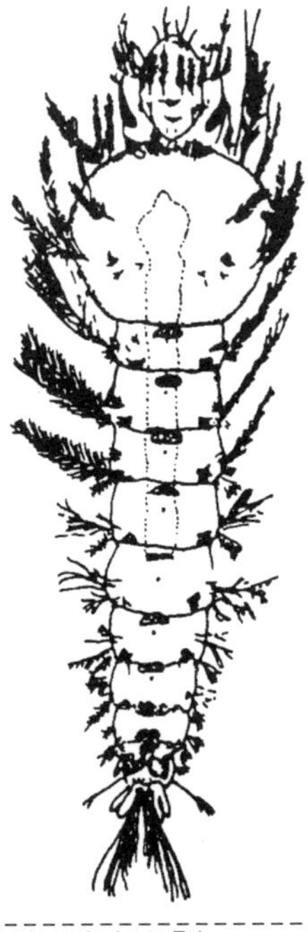

그림 7.5 학질모기의 유충(Larva of *Anopheles*)

실 습 46

벼룩(*Flea*), 빈대(*Cimex* sp.), 이(*Pediculus* sp.)

실시일 : ________ 학번 : ________ 성명 : ________

1. 목 표

1. 벼룩의 형태학적 특징을 기술할 수 있어야 한다.
2. 빈대를 형태학적으로 감별할 수 있어야 한다.
3. 인체에 기생하는 이의 종류를 형태학적으로 감별할 수 있어야 한다.

◈ 벼룩(Flea)

2. 형 태 1

형상 : 충체는 좌우로 압축되어 있고 색은 적갈색이다.
크기 : 2.0~2.5mm
두부 : 2개의 눈과 흡혈하기에 편리한 입(suctorial mouth)이 있다.
다리 : 가슴과 배에 3쌍이 있다. 다리 끝에는 구부러진 발톱이 있다.
매개하는 기생충 : 왜소조충, 쥐조충 및 개조충

◈ 빈대(Bed bug, *Cimex lecturalis*)

3. 형 태 2

모양 : 난원형, 충체는 상하로 압편된 모양을 하고 있다.
색 : 적갈색, 체표면에 많은 솜털이 덮여 있음.

크기 : 5.5mm
두부 : 소형으로 2개의 복안, 촉각이 있으며, 입은 구부러져 배 있는 쪽으로 향하고 있다.

◈ 이(Lice), (몸이)(*Pediculus humanus corporis*)

4. 형 태 3

색 : 회백색
크기 : 2.3~3.3mm
두부 : 2개의 눈, 5절로 된 촉각, 구기(mouth)가 있다.
흉부 : 3쌍의 다리가 달려 있다.

5. 표본 Slides

1. 벼룩의 표본
2. 빈대의 표본
3. 몸 및 머릿이의 표본
4. 털이 표본

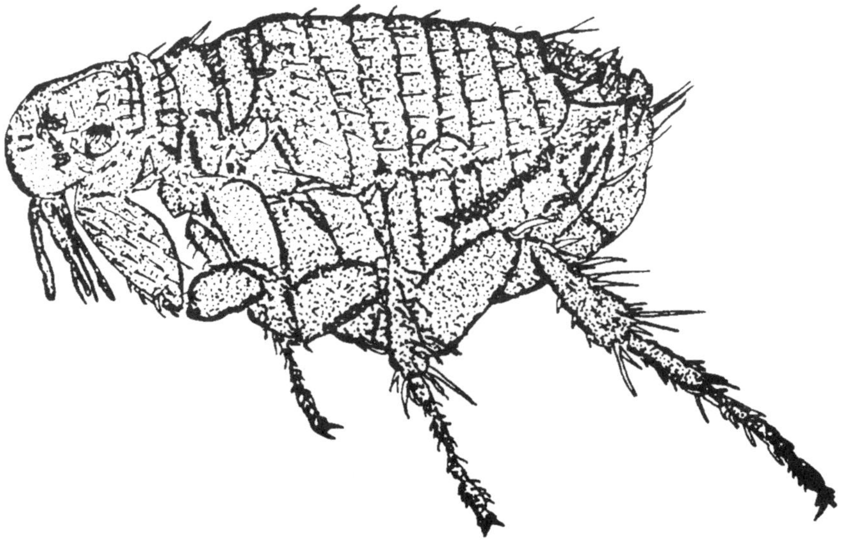

그림 7.6 벼룩(*Flea*)

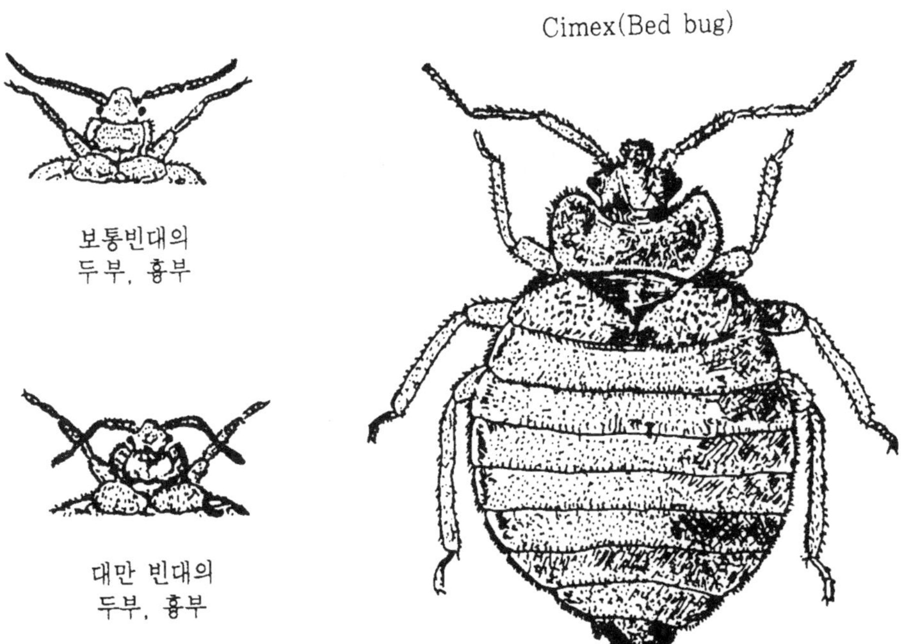

그림 7.7 빈대(*Cimex lecturalis*)

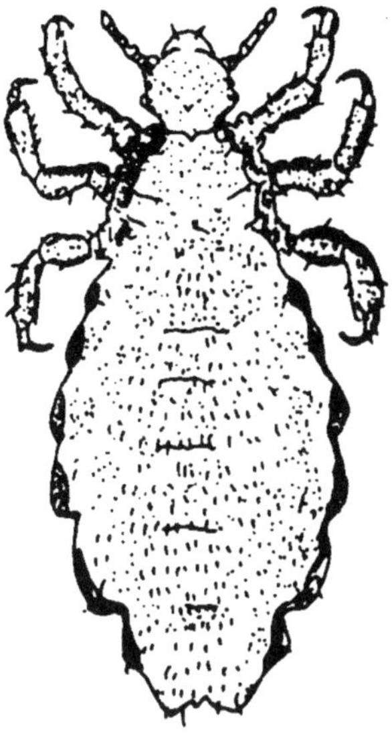

그림 7.8 몸이(*Pediculus humanus corpolis*)

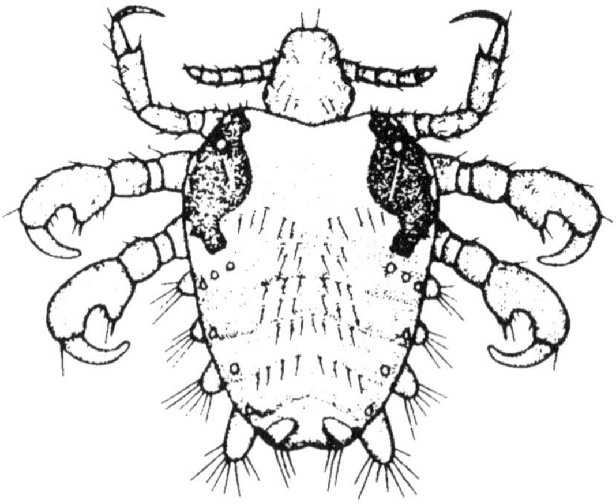

그림 7.9 털이(*Phthirus pubis*)

실습 47 집파리(*Musca domestica*), 바퀴(*Cockroach, Blattaria*)

실시일 : 학번 : 성명 :

1. 목 표

1. 등에 및 파리의 종류를 식별할 수 있어야 한다.
2. 승저증의 원인 파리와 조직병리학적 소견을 기술할 수 있어야 한다.
3. 우리나라에 분포하는 바퀴벌레의 종류를 감별할 수 있어야 한다.

◈ 집파리(*Musca domestica*)

2. 형 태 1

머리에 1쌍의 복안과 3개의 단안이 있으며, 복안의 거리는 수컷은 좁고 암컷은 넓다. 촉각은 3절로 구성되어 있다.

입은 흡수식으로 음식을 핥아 먹기에 편리하다(그러나 다른 파리는 그렇지 않음).

흉부는 3부분으로 구분되며, 앞쪽 가슴과 뒷가슴은 작고 가운데 가슴은 크다.

많은 강모가 덮고 있다.

◈ 마퀴(*Cockroach, Blattaria*)

3. 형 태 2

모양 : 하월형

색 : 검정색

두부 : 각형 모양으로 작고 촉각은 길다.

입 : 조작하기에 편하게 되어 있다.

날개(wing) : 수컷은 혁질화되어 복혈(tegumina)로 되었고, 암컷은 흔적만 있다. 흉부와 복부가 연결되어 있으며, 항문부에 항상판(suranal plate)이 있다.

4. 표본 Slides

1. 파리의 유충 표본
2. 바퀴의 표본

집파리의 머리

그림 7.10 털이(*Phthirus pubis*)

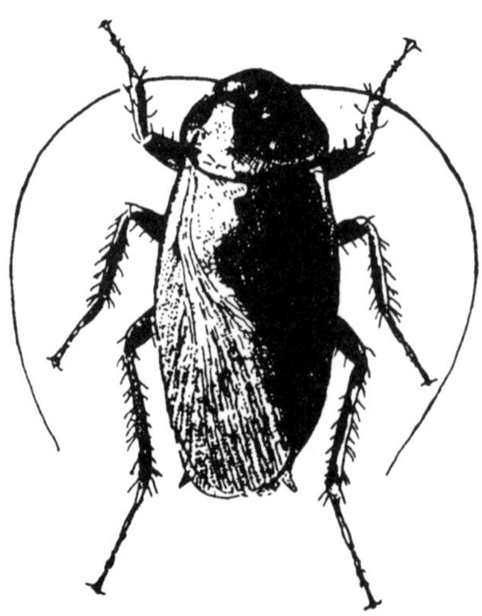

그림 7.11 바퀴(*Cockroach, Blattaria*)

08 기생충의 진단

[1] 기생충증의 진단 특성

기생충증의 진단은 감염증 진단과 같이 병원체 검출, 면역 반응을 통한 간접적인 병원체 침입 경로의 확인 규명, 증상과 임상 진단으로 진단된다. 그러나 기생충은 체내에서 발육, 증식하지 않으며 체외에서 기생충을 분리 배양하지 못한다. 기생충 감염은 대체로 만성이고 감염자의 임상 증상이 뚜렷하지 않은 것이 많다.

기생충은 생물학적으로 생활사, 감염 부위가 서로 다르고 기생충증 임상 증상도 불명확하므로, 기생충증의 진단은 임상 검사에 의한 의존도가 높다. 충체를 검출하는 일은 가장 정확한 진단이지만 이렇게 검출하는 데는 어려움이 많다. 그러나 산란 현상에 의존하여 기생충의 존재를 증명할 수 있다.

[2] 기생충의 진단

기생충의 진단은 임상 증상(clinical symptoms)과 검사실 진단(laboratory diagnosis)으로 구분된다.

임상 증상은 진단적 가치는 희박하나 임상 증상에 따라 검사 방법의 결정, 질병의 경과, 치료의 방향 및 그 예후(prognosis) 판정에 참고가 된다.

검사실 진단을 통하여 각종 가검물로부터 성충, 유충, 충란, 원충류의 포낭을 발견 동정(identification)될 때 정확한 진단을 할 수 있다. 그러나 유충과 포낭을 감별하기 위해서 배양 동물 접종을 하여 성충과 영양형(trophozoite)을 얻어 확진하기도 한다.

가검물 채취는 기생충의 종과 기생충 부위에 따라 차이가 있으나, 대체로 대변, 소변, 혈액임파 및 조직, 객담, 생검, 혈청을 취하여 각종 검사를 여러 가지 방법으로 조사하게 된다.

임상진단(CLINICAL DIAGNOSIS)

단백뇨	albuminuria :	
	말라리아	malaria, (black water fever)
	방광 주혈흡충증	bilharziasis, (*Schistosoma haematobium*)
알레르기	allergy :	
	섬모충증	trichinosis
	회충증	ascariasis
	구충증	ancylostomiasis
	분선충증	strongyloidiasis
	사상충증	filariasis
	메디나충증	dracunculosis
	포충증	hydatid disease
	주혈흡충증	schistosomiasis
약시	amblyopis ;	
	말라리아	malaria
빈열	anemia ;	
	회충증	ascariasis
	구충증(채독증)	ancylostomiasis
	간흡충증	clonorchiasis
	긴촌충증	diphyllobothriasis
	왜소조충증	hymenolepiasis
	쥐조충증	hymenolepiasis
	리슈만 편모충증	leishmaniasis
	아메바증	amoebiasis
	말라리아	malaria
	파동편모충증	trypanosomiasis
담관 폐쇄, 장폐쇄증	bile duct obstruction, intestinal obstruction	
	회충증	ascarisis
	간흡충증	clonorchiasis

	간질증	fascioliasis
	사상충증	filariasis
	요충증	oxyuriasis
오한 발열	chill	
	말라리아	malaria
	리슈만 편모충증	leishmaniasis
	사상충증	filariasis
유미뇨	chyluria	
	사상충증	filariasis
이질 설자	dysentery & diarrhea	
	이질 아메바증	amoebiasis
	대장 섬모충증	balantidiasis
	리슈만 편모충증	leishmaniasis
	말라리아	malaria
	주혈흡충증	schistosomiasis
	람블 편모충증	giardiasis
	분선충증	strongyloidiasis
	회충증	ascariasis
	선모충증	trichinosis
	구충증	ancylostomiasis
	간흡충	clonorchiasis
	비대흡충증	fasciolopsiasis
	폐흡충증	paragonimiasis
부종	edema	
	내장 리슈만 편모충증	Kala-azar
	구충증	ancylostomiasis
	파동 편모충증	trypanosomiasis
	선모충증	trichinosis
	간흡충증	clonorchiasis
	비대흡충증	fasciolepsiasis
근육통	muscle pain	
	선모충증	trichinosis
호산구증다증	eosinophilia	
	회충증	ascariasis
	단방조충증	hydatid disease
	구충증	ancylostomiasis
	사상충증	filariasis

	선모충증	trichinosis
	주혈흡충증	schistosomiasis
	비대흡충증	fasciolopsiasis
	간질증	fascioliasis
	메디나충증	dracunculosis
	민조충증	taeniasis
	왜소조충증	hymenolepsiasis
	분선충증	strongyloidiasis
	요충증	oxyuriasis
	폐흡충증	paragonimiasis
	편충증	trichuriasis
혈뇨	hematuria	
	방광 주혈흡충증	bilharziasis
혈색소뇨증	haemoglobinuria	
	흑수열	plasmodium (black water fever)
백혈구 감소증	leucopenia	
	내장 리슈만 편모충증	Kala-azar
	말라리아	malaria
각혈	haemoptysis	
	폐흡충증	paragonimiasis
	비대흡충증	fasciolopsiasis
출혈성	haemorrhage, (bleeding)	
	말라리아	malaria
	내장 리슈만 편모충증	Kala-Azar
	구충증	ancylostomiasis
황달	jaundice	
	말라리아	malaria
	간흡충증	clonorchiasis
간질	epilepsy	
	조충증	taeniasis
	주혈흡충증	schistosomiasis
	요코가와 흡충증	metagonimiasis
	간질증	fascioliasis
	유충 장내이행증	visceral larva migrans
임파선 비대	glandular enlargement (Lymph node enlargement)	
	폐포자충증	*Pneumocystis carinii* pneumonia
	리슈만 편모충증	leishmaniasis

	파동 편모충증	trypanosomiasis
	사상충증	filariasis
간비대	liver enlargement	
	내장 리슈만 편모충증	Kala-Azar
	이질 아메바증	amoebiasis
	말라리아	malaria
	주혈흡충증	schistosomiasis
비종, 거비증	splenomegaly, spleen enlargement	
	내장 리슈만 편모충증	Kala-Azar
	말라리아	malaria
	파동 편모충증	trypanosomiasis
	주혈흡충	schistosomiasis
악액질	cachexia	
	말라리아	malaria
	내장 리슈만 편모충증	Kala-Azar
	파동 편모충증	trypanosomiasis
	구충증	ancylostomiasis
	주혈흡충증	schistosomiasis
	비대흡충증	fasciolopsiasis
	간흡충증	clonorchiasis
피부염	skin dermatitis	
	파동 편모충증	trypanosomiasis
	리슈만 편모충증	leishmaniasis
	선모충증	trichinosis
	사상충증	filariasis
	주혈흡충증	schistosomiasis
	구충증	ancylostomiasis
	분선충증	strongyloidiasis
	메디나충증	dracunculosis
	승저증	myiasis

기생 부위와 가검물 채취 장소

기생충의 진단은 임상 검사 의존도가 높다. 충체를 검출하기 위한 가검물 채취는 기생충의 기생 부위와 기생충의 탈출 경로에 밀접한 관계가 있다

혈액	Blood ;	
	말라리아, 사상충	malaria, *Wuchereria bancrofti*, *Brugia malayi*
	파동편모충	*Trypanosoma cruzi*, *Trypanosoma gambiense*
	주혈흡충	*Schistosoma japonicum*, *S. mansoni*
	톡소포자충	*Toxoplasma gondii*
골수	Bone marrow ;	
	내장 리슈만 편모충	*Leishmania donovani*
	말라리아	malaria
심장	Heart, heart muscle	
	이형흡충	heterophyesis(*Heterophyes heterophyes* ovum)
	내장 리슈만 편모충	*Leishmania donovani*
	톡소포자충	*Toxoplasma gondii*
간장	Liver	
	이질 아메바	*Entamoeba histolytica*
	내장 리슈만 편모충	*Leishmania donovani*
	말라리아	malaria(pigment, exoerythrocytic form)
	간흡충	*Clonorchis sinensis*
	단방조충	Hydatid(Echinococcus larva)
	간질	*Fasciola hepatica*
	창형흡충	*Dicrocoelium dendriticum*
	고양이 간흡충	*Opisthorchis felineus*
	일본 주혈흡충	*Schistosoma japonicum*(ovum)
	방광 주혈흡충	*Schistosoma haematobium*(ovum)
간장	Liver ;	

	간모선충	*Capillaria hepatica*
	만손 주혈흡충	*Schistosoma mansoni*(ovum)
이자	Pancreas ;	
	췌질	*Eurytrema pancreaticum*
	간흡충	*Clonorchis sinensis*
	회충	*Ascaris lumbricoides*
비장	Spleen ;	
	내장 리슈만 편모충	*Leishmania donovani*
	말라리아	malaria(pigment)
	단방조충	*Echinococcus granulosus*(larua)
생식기	Genitourinary system ;	
	질 편모충	*Trichomonas vaginalis*
	사상충	*Wuchereria bancrofti*(microfilaria)
	만손 주혈흡충	*Schistosoma mansoni*(ovum)
	방광 주혈흡추	*Schistosoma haematobium*(ovum)
	부르스 파도편모충	*Trypanosoma brucei*
	거대신충	*Dioctophyma renale*
	단방조충	*Echinococcus granulosus*(larva)
폐	Lung ;	
	두비니구충	*Ancylostoma duodenale*(larva)
	회충	*Ascaris lumbricoides*(larva)
	분선충	*Strongyloides stercoralis*(larva)
	간질	*Fasciola hepatica*(larva)
	개사상충	*Dirofilaria immitis*(microfilaria)
	광동주혈선충	*Angisostrongylus cantonensis*
	폐흡충	*Pargonimus westermani*
소장	Inntestin ;	
	대장 섬모츠	*Balantidium coli*
	이질 아메버	*Entamoeba histolytica*
	람블 편모충	*Giardia lamblia*
	회충	*Axcaris lumbricoicoides*
	두비니구충	*Ancylostma duodenale*
	요충	*Enterbbius vermicularis*
	분선충	*Strongyloides stercolaris*
	선모충	*Trichinella spiralis*
	편충	*Trichuris trichiura*
	간흡충	*Clonorchis sinensis*

	광절 열두조충	*Diphyllobothrium latum*
	개조충	*Dipylidium caninum*
	간질	*Fasciola hepatica*
	비대흡충	*Fasciolopsis buski*
	요코가와 흡충	*Metagonimus yokogawai*
	유구조충	*Taenia saginata*
	일본 주혈흡충	*Schistosoma mansoni*
	창형흡충	*Dicrocoelium dendriticum*
임파선	Lymph node ;	
	내장 리슈만 편모충증	*Lishmania onovani*
	감비아 파동편모충	*Trypanosoma gambiense*
	로데시아 파동편모충	*Trypanosoma rhodesiense*
	반크롭트 사상충	*Wuchereria bancrofti*
	말레이 사상충	*Brugia malayi*
	토소포자충	*Toxoplasma gondii*
피부	Skin, mucocutneous	
	브라질 리슈만 편모충	*Leishmania braziliensis*
	브라질구충	*Ancylostoma braziliensis*
	메디나충	*Dracunculus medinensis*(larva)
	회선사상충	*Onchocerca volvulus*
	유극악구충	*Gnathostoma spinigerum*(larva)
	개회충	*Toxocara canis*(larva)
	고양이 회충	*Toxocara cati*(larva)
	옴	scabies
근육	Muscle, subcutaneous ;	
	내장 리슈만 편모충	*Leismania donovani*
	펠스탄 사상충	*Mansonella perstans*
	메디나충	*Dracunculus medinensis*
	로아사상충	*Loa loa*
	회선사상충	*Onchocerca volvulus*
	선모충	*Trichinellaspiralis*
	단방조충	*Echinococcus granulosus*
	낭미충증	cysticercosis
	포행증	creeping eruption
뇌척수	Brain spial cord ;	
	이질 아메바	*Entamoeba histolytica*
	열대열 원충	*Plasmodium falciparum*

파동 편모충증	trypanosomiasis
톡소포자충	*Toxoplasma gondii*
광동주혈선충	*Angiostrongylus cantonensis*
간질	*Fasciola hepatica*(ovum)
낭미충증	cysticercosis
아칸트 아메바	acanthamoebisasis
네글레리아	*Naegleria spp.*
단방조충	*Echinococcus granulosus*

고정법(FIXATION)

◈ 포르말린 고정법(Formalin fixation)

변을 소량의 물에 잘 풀어서 10%의 포르말린액을 처음 첨가한 물의 5배가 되도록 가한다. 이 방법은 윤충란, 원충의 포낭, 성충을 보존하는 데 널리 활용한다. 그러나 원충의 영양형은 보존할 수 없다. 원충의 포낭도 6개월 이상 방치하면 변형된다.

◈ 폴리비닐 알코올 고정법(Polyvinyl alcohol fixation)

이 방법은 원충의 영양형 보존에 우수하며, 가검변의 즉각 처리가 곤란할 때, 혹은 가검물을 다른 기관에 의뢰 수송하고자 할 때 이 고정법이 이용된다.

폴리비닐 알코올 용액 처방

1. polyvinyl alcohol(PVA) 10.1gm
2. 95% ethylalcohol 62.5ml
3. mercuric chloride, saturate aqueous 125.0ml
4. glacial acetic acid 10ml
5. glycerine 3ml

위 재료를 500ml 비커에서 2, 3, 4, 5순으로 혼합한다. 폴리비닐 알코올 분말을 첨가한다. 이때 젓거나 흔들어서 혼합하지 않도록 한다. 즉 폴리비닐 알코올 분말이 자연히 잠기도록 방치한다. 분말이 충분히 잠기면 비이커를 가열하여 75°C에 도달하면, 비커의 가열을 중단하고 들어내어 용액이 균등하게 되도록 저어 주면 유배 용액으로 맑아진다.

[방 법]

1. 원침 분리한 가검물 2ml에 폴리비닐 알코올 10ml를 가하여 잘 혼합시키고, screw cap tube

에 넣어 마개를 튼튼히 해둔다.

2. 슬라이드 글라스에 고정액과 가검물을 도말하고 마를 때가지 하룻밤 수평으로 놓아 둔다.
3. 위 도말 표본을 50~70% 알코올로 처리한 후 각종 염색을 한다.
4. 건조된 후에는 영구 보존이 가능하다.

◈ MERTHIOLATE IODINE FORMALIN [M.I.F] FIXATION

이 방법은 원충류의 영양형, 포낭, 윤충류의 직접 도말 표본에 사용된다. 또 좋은 표본 재료로 채취 보존할 수 있는 이점이 있다. 이 보존액은 두 가지 원액을 준비하여 두었다가 사용시 두 원액을 혼합한다.

solution A.

formalin U.S.P.	5ml
merthiolate tincture 1:1000	40ml
glycerin	1ml
aqua distil	50ml

solution B.

Iodine	5ml
Pot. iodide	10ml
aqua distil	100ml

※ merthiolate tincture는 상품명 thimerosal로 시판된다. 용액 A, B는 갈색병에 보관해야 한다.

[사용법]

1. 용액 A와 용액 B의 배합은 사용 직전에 용액 A : 9.4ml와 용액 B : 0.6ml를 혼합한다.
2. 가검물 변 1.0g에 용액 10ml를 가한다.

◈ SCHAUDINN'S FIXATION

Schaudinn’s fixation은 신선한 변이나 장점액 변을 검사하는 데 좋다.

※ Schaudinn's fixation 처방

Mercuric chloride	110gm
Distilled water	1000ml

이것을 비커에 넣어서 가열하여 mercuric chloride가 녹을 때까지 끓인 다음 결정이 생기도록 방치한다. 이것을 원액 stock solution으로 사용한다.

사용액 working solution

위 mercuric chloride solution	600ml
95% ethyl alcohol	300ml

사용하기 직전에 glacial acetid를 위 혼합액에 100ml 첨가한다.

◈ Bouin solution 고정법

이 고정액은 큰 충체와 적출한 조직을 보존하는 데 활용된다.

※ 처방 : Picric acid saturate solution

picric acid	1ml
distilled water	75ml
Formaline	5ml
Acetic acid glacia l	1ml

◈ A. F. A. 고정법(alcohol, formalin, acetic acid fixation)

※ 처방

formalin	5ml
95% ethy alcohol	25ml
acetic acid glacial	1ml
distilled water	20ml

이 방법은 유충란, 원충의 포낭, 윤충류의 성충체를 보존하는 데 사용된다.

도말법(Smear method)

◈ 직접 도말법(Direct smear)

이 방법은 회충란 검출에 널리 사용된다. 그러나 구충, 동양모양 선충, 편충, 흡충란 검사에는 검출률이 낮으므로 적합하지 못하다.

[방 법]

1. 슬라이드 글라스 위에 생리 식염수 혹은 수돗물 한 방울을 떨어뜨린다.
2. 면봉 혹은 성냥개비 끝으로 여러 곳에서 팥알 크기(3.5mg)의 변을 채취한다.
3. 이것을 슬라이드 글라스 위의 물과 잘 검경하기 어려운 잡물들을 제거한 다음 커버 글라스로 덮는다.
4. 검경하기에 적합 여부를 확인한다. 이는 슬라이드 글라스 아래 신문지를 받쳐 놓고, 신문지 활자를 읽을 수 있으면 검경하기에 적합하다.
5. 처음에는 현미경 저배율(100배)로써 표본 전체를 두루 검사하고, 원충류의 포낭은 요드염색 표본에서 고배율로 검경한다.
6. 이때 전 시야는 황색으로 보이며 원충의 영양형은 파괴되어 볼 수 없으나, 핵, 섬모, 편모, 축색은 황갈색으로 보인다.
7. 원충류의 포낭 핵은 선명하며 글리코겐은 갈색으로 보인다.

※ 처방 : Lugol's solution

Iodine	5gm
Potassium iodide	10ml
Distilled water	100ml

◈ 셀로판(Cellophan) 후층도말법

일반 도말법보다 채취하는 변량이 많아 회충 외에 구충, 회충, 간흡충란 등이 쉽게 감별되며 검출률이 높은 것이 특징이다.

이 방법은 집단 검사에 매우 편리한 방법으로 커버 글라스 대신에 셀로판지를 염색하여 이용한다는 점이 특이하다.

[방 법]

1. 면봉이나 성냥개비 끝으로 변을 여러 곳에서 60~70mg(콩알 크기)을 채취한다.
2. 슬라이드 글라스 위에 채변한 것을 놓고 착색된 셀로판지로 덮는다. 셀로판지의 크기는 22 × 30mm가 적합하다.
3. 고무 마개 또는 코르크 마개로 눌러서 변이 균등하게 퍼지도록 한다.
4. 이 같은 표본을 만든 다음 20~30분간 실온에 방치하고 염색 시약이 변과 잘 배합되기를 기다린 후 다음 적합한 시간에 검경한다.

※ 적합한 시기 판정 기준

1. 표본 전체가 균등하게 투명되었을 때
2. 변색이 흑갈색으로 변하였을 때

※ 셀로판지 만드는 요령

1. 셀로판지는 두꺼운(규격 600번, 40마이크론 두께) 것을 택한다.
2. 이것을 20~30mm 크기로 절단 malachite green 용액에 24시간 이상 보존하여 착색되게 한다.
3. Malachite green 용액 처방

3% malachite green 수용액	6ml
glycerine	500ml
6% phenol 수용액	500ml

※ 주의사항

1. 셀로판지가 고루 퍼지도록 한다.
2. 가검 슬라이드를 실온 25°C, 습도 75%에서 60분간 방치하거나 40°C 항온기 내에 20~30분간 방치한 후 투명하게 되면 검경한다.
3. 너무 오랫동안 건조시키면 혼탁하게 되며 충란이 변형되므로 판정하기가 곤란하게 된다.
4. 도말 검사법에서는 검사 횟수를 6회 이상 반복한다.

집란법(CONCENTRATION METHOD)

집란법은 보다 정확한 진단을 가하기 위하여 사용된다. 이 방법은 표본 시야가 맑아 검경이 용이하고, 충란이 선명하며 시별이 용이하다. 집란법에는 비중 gravity의 경중에 의하여 분별하는 부유법(flotation method)과 원심력을 이용하여 충란을 구별하는 침전법(sedimentation method)으로 구분된다.

◈ 포화 식염수 부유법

이 바업은 구충란, 동양모양충란 같이 비중이 낮은 충란 선별에 가장 적합한 방법이다. 그러나 간흡충, 편충란과 같이 비중이 비교적 높은 충란에 대해서는 부적당하다. 구충란의 비중은 1.050, 동양모양 선충란은 1.050이다.

※ 포화 식염수 만드는 법

1. 비커에 수돗물 100ml에 식염(NaCl) 40g 이상을 넣고 가열하여 식염을 용해시킨다. 충분히 용해되고 남은 식염이 밑에 남아 있게 된다(비중 1.200). 사용시는 그 상청액을 사용한다.
2. 중시험관에 5g 정도의 변을 넣고 소량의 포화식염수를 가하여 면봉 또는 초자봉으로 잘 젓는다.
3. 위에서 만들어진 부유물이 든 시험관을 시험관대에 세워서 시험관 윗 부분의 액표면이 철면 convex이 되도록 파이팻으로 식염수를 첨가하고 30~40분간 흔들리지 않게 세워둔다.
4. 깨끗한 커버 글라스를 시험관의 액표면에 접촉시키고 이것을 글라스에 놓고 검경한다.

※ 검출률의 불량 이유 : 가검변량이 부족할 때, 시험관대에 세워 둔 시간이 빠르거나 또는 한 시간 이상 방치할 경우, 커버 글라스 탈지가 불량하면 충란 부착이 안 되기 때문에 검출률이 나쁘다.

※ 커버 글라스 탈지는 알코올 : 아세톤의 1 : 1 혼합액으로 세척한다.

※ 장시간 방치하면 충란이 침강되는 경향이 나타난다.

※ 시험관이 기울게 되면 충란이 액표면까지 부상하지 못하므로 검출률은 더 낮아진다.

FORMALINE-ETHER SEDIMENTATION METHOD

이 방법은 각종 충란과 원충류의 포낭을 동시에 검출하는 우수한 방법이다. 고정액 포르말린에 보관된 변의 보존에도 유리하다. 그러나 조작이 번거롭고 시간과 비용이 많이 드는 것이 단점이다. 부유법에서 검출되지 않은 흡충란, 조충란이 검출된다.

[방 법]

1. 원침관(15ml)에 물을 3ml 정도 넣고 면봉으로 변 3g을 가하여 저은 다음 다시 물을 채우고 다시 혼합한다.
2. 소형 깔대기에 가제로 여과하여 다시 그 여과액을 다른 원침관에 옮긴다.
3. 약 2000회전 속도로 2~3분간 원침하고 상청액을 버린다. 이때 혼탁이 심하면 3~4회 원침 반복한다.
4. 원침 후 상청액을 버리고 그 침사에다 10% 포르말린 10ml를 가하고 잘 혼합한 다음 5분 이상 방치한다.
5. 여기에 3ml 에테르(ether)를 가한 후 고무 마개로 막고 강하게 20~30초간 진탕한다.
6. 조용히 고무 마개를 열고 25000회전속도로 2~3분간 원침한다.
7. 상층은 에테르, 중간층은 유리된 분변층, 하층은 포르말린 침사가 생긴다.
8. 면봉으로 중층 유리 분변을 관벽으로부터 도려내어 상청액을 버리고 침사만 남긴다.
9. 원침관을 거꾸로 하여 침사를 슬라이드 글라스 위에 옮기고 커버 글라스를 덮고 검경한다.

◈ MODIFIED SHEATHER'S SUGAR FLOTATION METHOD

이 방법은 설탕 sucrose 용액(비중 1.200~1.300)을 사용한 부유법이다. 특히 수의학에서는 각종 가축의 장내 기생충란 검사에 사용되는 검사법이다. 이 법으로 검출률이 낮은 것은 조충란, 흡충란 및 구두충란의 검출률이다.

[방 법]

설탕 용액

granulated sugar	454g
tap water	355ml
40% formaldehyde solution	6ml

중탕기 속에서 설탕을 녹인다. 직접 가열하여 설탕을 녹이는 일은 피하여야 한다.
다 녹은 설탕액은 중탕기에서 꺼내어 실온에서 냉각시킨다.
포르말린을 천천히 저으면서 첨가한다. 석탄산(1% liquefied phenol) 용액을 포르말린액 대신 첨가하기도 한다. 이 조작은 곰팡이와 이스트균 발육 억제를 위한 것이다.

1. 변을 시험관에 담은 후 충분한 물을 넣어 변이 마르지 않도록 한다.
2. 설탕 용액 15ml를 첨가한 후 면봉으로 잘 저어 혼탁시킨다.
3. 이것을 깔때기에 가제 한 겹으로 여과하여 딴 시험관에 받는다.
4. 잡물들이 제거된 이 시험관을 시험관대에 세워 놓고 관구까지 설탕액을 부어 차게 한다. 이것을 30분 이상 세워 두었다가 액표면에서 검사물을 수집하여 검경한다.
5. 이것을 원침관에 옮겨 1500 회전속도로 3분간 원침 후 상청액을 부어버리고 그 침사를 채취 검경하기도 한다.

◈ A.M.S. III METHOD(Hunter et al, 1948)

이 집란법은 주혈흡충란 검출 정확도를 높이기 위하여 미국 육군에서 개발한 검사법이다. 이것은 폐흡충란, 편충란은 잘 검출되나 원충의 포낭 검출은 안 되는 단점이 있다.
이 집란법에 사용되는 유산 소다(Na_2SO_4) 비중이 1.080이므로 구충란 검출은 곤란하다. 그러나 유산 소다액은 주혈흡충란에 부착된 점액을 용해 제거하는 목적으로 쓰인다. 또 계면 활성제로 Triton N.E Tween 80을 첨가하면 충란 회수율이 높다.

[방 법]

1. 변 1g과 물 약간을 혼합하여 혼탁액으로 한 다음, 이를 가제로 여과하여 원침관으로 옮긴다.
2. 이것을 2,000회전 속도로 1~2분간 원침하고 상청액은 버린다.
3. 침사에 AMS III액(비중 1.080 유산 소다 + 염산액) 7~10ml, triton N.E. 2~3drop, Ether 3~5ml을 첨가하여 고무마개로 막고 20~30초간 잘 흔든다.

4. 2500회전 속도로 1~2분간 원심 침전한다.
5. 면봉으로 떠오른 변층을 원침관벽으로부터 도려내고 관을 엎어 상청액을 부어버린다.
6. 침사를 pipette로 흔들어 섞은 다음 이를 슬라이드 글라스 위에 한 방울 떨어뜨리고 커버 글라스로 덮고 검경한다.

※ AMS III 시약 제법

1. 비중 1.080 염산 용액은 37% 염산 45ml에 물 55ml를 첨가한다.
2. 비중 1.080 유산소다액은 유산 소다 9.6g에 온수 약 100ml를 첨가한다.
   1액과 2액을 동량 혼합한 후 비중계로 1.080으로 맞춘다.

◈ 황산아연 부유법(Zinc sulfate centrifugal flotation method)

비중이 높은 황산아연의 부력과 원심력을 이용한 것으로, 구충란과 원충류의 포낭(cyst)을 검출하는 우수한 방법이다.
이 방법의 결점은 지방변에서의 지방이 액표면에 뜨기 때문에 충란을 떠내기 어려운 점이다. 또 흡충란은 비중이 무거워 액표면까지 뜨지 못해 검출률이 불량하다.

[방 법]

황산아연 용액 제법 : 황산아연($ZnSO_4$) 386m을 Aq. dist. 1000ml에 녹여서 비중 1.180된 것을 쓴다.

1. 중시험관에 3ml의 물을 넣은 다음 면봉으로 변 3 g을 넣고 잘 혼합한 후에 물을 더 추가하여 충분히 혼합한다.
2. 이것을 갈때기 funnel에 한 겹의 가제로 여과한다.
3. 여과된 액 15ml을 원침관에 담아 2500r.p.m으로 2분간 원침한다. 이때 혼탁이 심하면 상청액을 버리고 다시 물을 첨가한 후 다시 원침한다. 그러나 원침 조작을 2~3회 반복하면 상청액이 깨끗하게 된다.
4. 원침한 후 상청액을 버리고, 황산아연액을 5ml 원침관에 붓고 강하게 흔들어 황산아연과 잘 혼합시킨다.
5. 이것을 다시 2000회전 속도로 2분간 원침한다.
6. 회전 정지한 후 충격을 주지 않도록 주의하면서 백금환(platinum loop)으로 액표면 중앙부에서 조용히 떠낸다.
7. 채취된 가검물을 슬라이드 글라스 위에 떨어뜨리고 커버 글라스를 덮고 검경한다. 만약 원충류의 포낭(cyst)을 찾고자 할 때는 lugol액 한 방울을 떨어뜨리고 가검물과 혼합한 검경한다.

염색법

◈ 염색 도말 표본(Permanent stained smear)

영구 도말 염색 표본을 작성하는 목적은 대략 두 가지로 생각한다. 기생충 학자와 미생물학자는 그 기생충을 동정한 근거 보존을 위한 영구 보존 기록으로, 또 그 기생충의 형태가 특이하여 전문가의 자문을 얻기 위하여 영구 도말 염색 표본을 작성한다.
장내 기생 원충류의 도말 염색 표본 조작은 매우 복잡하며 기술이 많기 때문에 임상 진단에 반드시 필요한 것은 아니다. 그러나 원충류의 종 동정에 꼭 필요하다.

◈ THICHROME STAINING

이 방법은 신선한 가검물 또는 P.V.A에 보존한 가검물을 아용하여 좋을 결과를 얻을 수 있다.

※ trichrome staining reagent 처방

chromotrope 2R	0.6gm
lightgreen SF	0.3gm
phosphotungustic acid	0.7gm
acetic acid glacial	1.0ml
distilled water	100ml

※ 염색 방법 procedure

1. schaudinn sol.	30min
2. 70% alcohol	5min
3. 70% alcohol & lugol	2~5min
4. trichrome stain sol.	10min

5. 90% alcohol	10min
6. absolute alcohol	3sec(2times)
7. xylene or toluene	2~5min(2times)
8. mounting	

◈ SPENCER-MONROE STANING

이 염색법은 trichrome stain의 변법으로 본 법에 비하여 탈색 조작이 필요치 않으며, 0.5% hydrochloric acid 용약으로 탈색과 변색이 되므로 충체 식별이 용이하다.
따라서 염색 시간이 단축되고 깨끗한 표본을 얻게 된다. 충체는 gray blue, black color로, 핵과 세포질 내용물은 더 검게 염색된다.

◈ IRON-HEMATOXYLINE STAINING

Iron-Hematoxyline stain에는 많은 변법이 있다. 이 방법은 원충류의 충체와 포낭(cyst)의 종동정에 가장 정확한 염색법의 하나이다. 그러나 염색 조작상 오랜 시간이 소요되며 숙련되어야 좋은 표본을 얻을 수 있다.
장내 기생충 원충류는 도말 표본이 건조되면 그 형태가 변형되므로 반드시 습윤한 상태하에 염색해야 한다.

1. 가검물 변을 P.V.A 고정액으로 처리하고 도말한다.
2. 70% 알코올에 5분 처리
3. 70% 알코올에 lugol sol. Iron을 첨가하여 포도주색이 된 알코올 속에 담아 2~5분 처리
4. 70% 알코올 속에 담아 5분 처리
5. 수세 10분
6. Iron hematoxylin working solution 4~5분
7. 수세 10분
8. 70% 알코올 5분
9. 점차적으로 고농도의 알코올에 완전 탈수 각 10분
10. 100% 알코올 5분
11. xylol
12. mount

※ hematoxylin solution 처방

hematoxylin	10gm
absolute alcohol	1000ml

이것을 입구가 넓은 유리병에 담아 먼지가 들어가지 않게 가제로 덮고 햇빛에서 약 일주일간 두었다가 사용

※ Hematoxylin working solution 처방

ferric ammonium sulfate	10gm
Hcl concentrated	10ml
distilled water	1000ml

염색시 hematoxylin solution과 hematoxylin working solution을 동량 섞어서 염색한다.

◈ 탐스킨-밀라 염색법(Tomskin-miller method)

1. PVA - preserved smears
2. 70% alcohol containing lugol solution 2~5min.
3. 50% alcohol 3min
4. washing 3min
5. 4% ferric ammonium sulfate mordant 5min
6. washing 1min
7. 0.5% hematoxylin solution 2min
8. washing 1min
9. 2% phosphotungstic acid solution 2~5min
10. washing 10min
11. 70% ethyl alcohol plus few drops of saturated aqueus Lithium carbonate 3min
12. 95% ethyl alcohol 5min
13. 점차적으로 고농도의 알코올에서 완전 탈수(50, 70, 90, 95%, 100%) 각 5분
14. xylol, toluene으로 봉입 mount

◈ 장내 원충 intestinal protozoa 검사

장내 기생 원충류 중 아메바류와 편모충류를 검사한다.

1. 신선 표본

염색하지 않은 것에서는 핵을 보지 못한다. 그러나 포식한 적혈구가 보인다.

2. 염색 표본

Heidenhein's iron hematoxylin stain으로 염색하여 아메바의 구조를 정밀 조사할 수 있다.
아메바 염색에 가장 좋은 것은 Trichrome stain이다.
이 염색시 아메바의 핵은 진홍색, 원형질은 청록색, chromatoid body는 녹색으로 염색된다.
charcot - Leyden crystal은 적색으로 염색된다.

※ 염색액 처방

Chromotrope 2R	0.6g
Light green SF	0.15g
Fast green PCF	0.15g
acetic acid glacial	1.0ml
Aq. dist	100ml

[방 법]

도말, Shaudinn액 고정, 탈승홍, 탈요도한 후, Trichrome으로 8분 염색, 90% 알코올 100m에

빙초산 한 방울 첨가액 처리하여 수초간 분색
95% 알코올, 세척 탈색, xylol 처리, 발삼(Balsam)마운트 한다.

◈ 혈액 기생 원충 검사

말라리아 원충, 트리파노조마, 리슈마니아 원충을 대상으로 검사하게 된다.

1. 신선 표본

혈액, 조직액, 복수(ascites) 한 방울을 생리 식염수로 희석한 후, 덮개 유리를 덮고 검경. 트리파노조마 원충은 운동성이 있어 적혈구 사이로 이동하는 것이 확인된다.
Phasecontrast microscope 하에서 말라리아 원충 색소와 말라리아의 아메바 운동을 관찰할 수 있다.

2. 박층 표본 Thin Smear

말초 혈액 도말 표본 검사와 같다.

3. 감염 농도 Parasiteh count(PC) 표시법

말라리아 원충의 감염 농도는 혈액 1ml 속의 피감염 적혈구 수로 표시한다.
박층 도말 표본에 백혈구 200개를 세는 동안 피감염 적혈구 수가 얼마인가를 셈하고[X], 이때 혈액 1ml내 백혈구 수를 [W]로 하여 산출한다.

$$\text{공식 : } PC = W \times \frac{X}{200}$$

◈ Toxoplasma gondii 면역학적 검사법

환자 혈청에 있어서 항 톡소플라스마 항체의 농도를 측정하는 방법이다. 여러 가지 방법 중 신뢰성이 높은 것은 dye-test(Sabin-Feldman test)이다. 그러나 이 방법의 난점은 검사시 신선한 톡소플라스마 원충을 사용해야 한다는 것이다.
다른 방법으로 indirect hemagglutination test도 있으나, 이것 역시 어려운 문제는 첫 검사의 항체치보다 뒤에 한 항체치가 높아야만 진단에 의의가 있는 것이 된다.
Dye test로는 congenital toxoplasmosis 환자의 검사가 부당한 것이 된다.
현재 사용되고 있는 latex agglutination이 환영받고 있는데, 그 이유는 비특이 반응이 적고 dye test 성적과 일치하여 신뢰도가 높으며, 이외에도 그 조작이 간편, 간단하기 때문이다.
인체에서는 혈청 희석 32배 이상을 양성으로, 고양이, 돼지는 혈청 희석 64배가 되어야 양성으로 판정한다.
ELISA 법 : 톡소포자충 환자에서 IgM antibody를 확인하는 검사로 진단하는 방법이 규명되었다.
IgM antibody는 생기는 것이 느리나, 반면에 유지, 지속성은 장기적이다. Toxoplasmosis 환자에 있어서 감염 후 5~7일 사이에는 IgM치가 높아지지만, 그 후로는 항체치가 낮아진다.
따라서 ELISA법은 최근 감염을 의미하므로 그 진단적 가치와 의의가 크다.

면역혈청학적 검사
(Immunoserological test)

기생충병의 진단은 직접적 방법으로 원인체가 되는 기생충의 성충, 유충과 검변으로 충란이 검출되어 진단이 된다.

그러나 성충, 유충이 기생 부위에서 미입하여 장기내 이행증(visceral larva migrans)이나 원충류 기생시, 말초 혈액내 호산구증다증이 현저한 경우에는 직접적 방법보다 간접적 방법으로 면역 혈청학적 진단법을 사용하게 된다.

흔히 사용되는 면역 혈청학적 방법들은 피내 반응 skin test or intradermal test[paragonimiasis, clonorciasis, filariasis], 응집반응 agglutination test, hemagglutination test [toxoplasmosis], 보체결합반응 complement fixation test [amebiasis, trypanosomiasis(chagas disease), leishmaniasis, toxocariasis, clonorchiasis, paragonimiasis, echinococcosis, 침강반응 precipitation test(hydatid cyst) circum larval precipitation test(sarles phenomenon), circum oval precipitation 등이 있다.

효소 항체법(enzyme antibody techniques)은 첨단 진단에 속하며, 우리가 활용하고 있는 형광항체반응(immunofluorescent antibody test) 외에 radioimmunosolbent test, [RIST], enzyme linked immunosolbent assay [ELISA], radioallergosolbent test [RAST] 등이 활용되고 있다.

◈ 피내반응

기생충 질환을 병력이나 증상만으로는 확진을 내리지 않는다. 간디스토마와 폐디스토마의 경우도 대변과 객담검사로 확진하게 된다. 그러나 이 방법이 비교적 복잡하고 집단검사를 실시하기에는 비용과 시간이 많이 소요되므로, 간편하고 비용이 절약되는 피내반응 검사법을 이용하여, 보조적 진단법으로 가치를 인정받고 있다.

기생충병 진단시 사용되는 피내반응 조사 때 나타나는 반응 속도에는 빠른 것과 느린 것으로 구분한다. 전자를 immediate reaction(anaphylactic reaction)이라고 하며, 후자를 delayed reaction이라고 한다.

immediate reaction

Gell-Coombs는 과민증을 다음과 같이 구분하였다.

1. Type I allergic reaction

이 반응에 관하여 항체를 reaginic antibody라고 부른다. 이것은 mast cell 및 basophile과 친화성 있는 homocytotropic antibody이다. 이 항체는 IgE에 속한다.
작용 기전 ; 주입된 항원이 mast cell 표면에 결합하고 있는 항체와 반응하여 탈과립 현상을 일으키고 혈관 활성 물질인 histamine, vasoactive amin을 방출한다. 이것이 조직 세포에 작용하면 세포막이 투과 항진되어 세포 팽창, 장액 성분 유출을 조장시켜 응결(induration)이 생긴다. 이 물질은 말초 혈관의 자율 신경 말단 신경을 자극 흥분시켜 국소 혈관벽을 확장시키므로 발적(flush flare)한다. 따라서 피내 반응에 관하여 인자는 항원, 항체 반응, 국소에 있는 조직 세포에서 유출 histamine 및 혈관 주변 말초 신경 히스타민 과민성이 합작되어 비로소 피내 반응 양성으로 나타난다.
기생충병과 Type I allergic reaction과의 긴밀한 관계는 Hydatid cyst 수술, 천자 때 생기는 anaphylatic shock, Schistosoma cercaria 침입시 피부에 생기는 피부 반응, Gnathostomiasis 때 생기는 creeping eruption, Trichinellosis 때의 피진, 안검 주위 부종과 발열 Filariasis 때 흔히 보는 음낭 발적, 열발작 Onchocercosis 때 나타나는 급성 피부염 증상 등은 이와 관계가 있다.

2. Type II allergic reaction (cell damaging reaction)

이 반응은 세포 표면에 있는 항원 또는 hapten과 항체가 반응하여 일어난다. 항체가 보체(Complement)와 결합할 경우 세포 용해가 일어난다.
이 반응과 기생충병 관계 : 말라리아, 리슈마니아, africa sleeping sickness, schistosomiasis 환자에게서 관찰되는 빈혈은 적혈구와 항원 물질이 흡착되고 그 곳에 항체와 보체가 결합하면 용혈되며, 또 비장 식세포로 인하여 파괴되기 때문에 생긴다.

3. Type III allergic reaction

이 반응은 항원 항체 복합체(antigen-antibody complexes), 주로 IgG complexes이다. 이것과 보체와 Hageman's factors를 활성화시키므로 혈소판을 응집시켜 이로부터 방출되는 효소, 아민 복합체가 혈관벽에 유착되고, 그 위에 염증 세포, 섬유소가 침윤되어 혈전을 형성하므로 조직 장해가 생긴다.

Plasmocium malariae 환자에게서 보는 신염 : 항원 항체 복합체가 신사구체 기저막에 침착하고 거기에 보체가 결합하여 신염으로 된다. 만손 주혈흡충 환자에서 보는 신염도 이 반응과 관련이 있다. 급성 아니사키스증에서 보는 급성 복통 증상도 이 반응과 관련이 있다.

4. Type Ⅳ allergic reaction [cell-mediated reaction]

이 반응은 감작된 T - cell의 항원 receptor에 대응하는 항원이 결합하므로 일어난다. 그 결과 조직 국소에 granuloma가 형성된다.

반응 기전 : 활성화된 증식 T - cell 자체의 특이적 작용과 활성화시 이 세포로부터 방출되는 각종 전달 물질, 활성화된 macrophage로부터 전달하는 물질(비특이성 작용)과 긴밀한 관계가 있다.

기생충병과 이 반응과의 관계 : 열대 리슈마니아에서 오는 피부 병변, 궤양 형성과 주혈흡충 감염시 폐에 생기는 충란성 육아종 등이 있다.

피내 반응 판정

1. 항원량은 PN(단백질소량) 10ug/cc 이하의 희석액을 사용한다. 전박내측 내피에 항원액 0.01~0.02cc를 1cc용 주사기로 내피침(26~27gage)을 사용해 주사하고, 15분 방치 후 팽진과 발적의 종횡경을 측정해서[(12×10)/(30×40)] 기재한다. 이때 피내주사에 의한 구진의 직경은 4mm(26mm^2) 정도면 충분하다. 분자는 수포진 직경, 분모는 발적직경이다. 소양감은 증상이 있을시 기록한다. 수포진이 커서 부정형일 때는 PSL(위족형성)으로 기록한다. 주사부위는 피부의 상처, 혈관, 전에 이러한 항원으로 검사하였던 곳은 피해야 하며, 주사가 잘못되었을 때는 다른 자리에 주사하여야 한다.
2. 판정 기준은 팽진 직경(종횡경 평균) 9mm, 발적 직경 20mm이면 양성으로 판정한다. 평가 해석은 양성인 경우 피부 감작 항체 reagine이 있다고 한다. 즉, 환자가 기생충에 감염된 것을 의미한다. 그러나 현재 감염되어 있다는 것은 아니다.
3. 간디스토마와 폐디스토마의 피내 반응

   간디스토마와 폐디스토마의 피내 반응검사시 한 가지에만 감염되었어도 두 가지 반응에 모두 양성을 보이는 교차반응이 발생한다. 따라서 교차반응을 알아보기 위해 전박 내측에 폐디스토마와 간디스토마의 항원을 5cm 이상 간격을 두고 동시에 주사하여 구진의 크기를 비교해서 판정하거나, 정제 항원으로 단점을 제거하는 방법을 강구하여야 한다. 또한 양성 판정시 대변검사와 객담검사를 반복함으로써 진단에 확정적인 충란을 발견하도록 하여야 한다.

이러한 피내 반응은 폐디스토마의 경우만 보아도 ① 신뢰성과 특이성이 높고, ② 다른 흉부 질환(결핵 등)과의 감별이 간편하고, ③ 이소기생으로 충란 발견이 불가능할 때 보조진단적 가치가 있으며, ④ 집단검진이 가능하여 역학조사에 사용될 수 있다는 장점이 있다. 단점은 완치 후에도 장기간 양성반응이 지속된다는 점이다. 간디스토마의 피내 반응은 의양성, 의음성 및 교차반응이 폐디스토마보다 많다. 그러나 충란이 발견되면서 음성반응인 경우는 극히 드물다. 따라서 보조진단적 가치는 있다.

국 립 보 건 연 구 원

서울특별시 서대문구 녹번동 5번지

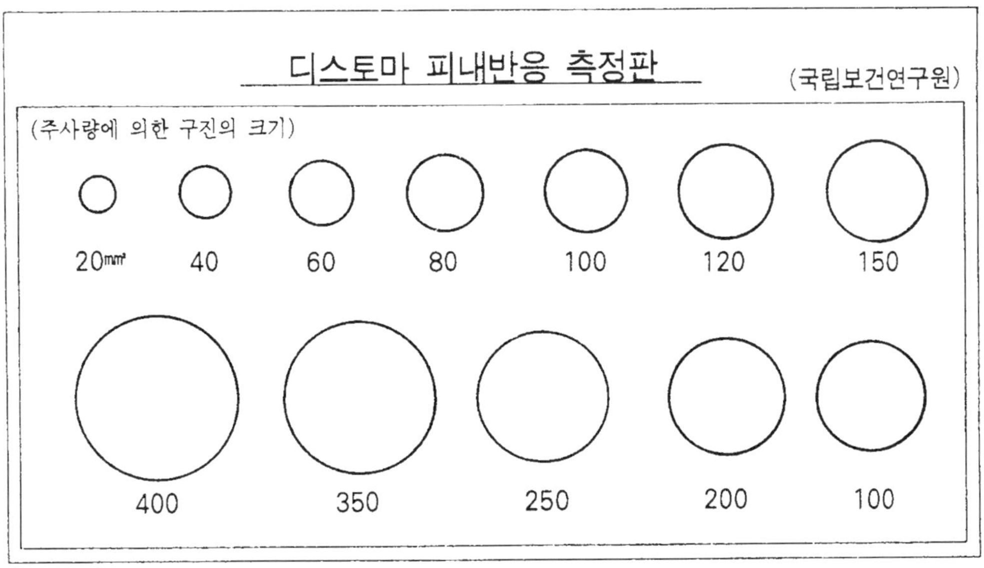

그림 8.1 구진 측정판

◈ 유충 주위 침강반응(circumlarval precipitation)
충란 주위 침강반응(circumoval precipitation test)

이것은 일종의 침강 반응이다 그러나 술식에 차이가 있다.

Sarles phenomenon은 회충 체강액을 감작 면역시킨 쥐 혈청 속에 회충 유충을 투입하면, 2~3 시간 내에 회충 유충의 입 주위에 침전물이 붙고 배설구, 항문에도 침전물이 부착되어 경시적으로 그 양이 증가되는 현상을 말한다.

이 현상은 환자 혈청 속에 회충 유충, 구충 유충, 흡충 유충에 대하여서도 동일한 반응이 나타난다.

술식

회충 유충과 환자 혈청을 혼합하여 덮개 유리로 덮은 후 유리 주위를 봉하고, 37°C로 유지하면서 3, 6, 21, 45시간마다 현미경으로 검경한다. 보통 3시간이 지나면 유충의 입, 생식문, 항문 주위에 굴절성이 강한 과립이 보인다. 그러나 대조군에서는 없다. 6시간이 지나도 대조군에서는 과립을 보지 못하나, 21시간이 지나면 대조군에서도 과립이 보인다.
Circum oval precipitation test에서는 유충 대신에 충란을 사용하는 것으로 그 외 술식도 동일하다.

◈ 형광 항체법 Fluorescent antibody technique

형광 물질인 fluorescein isothiocyanate(green), rhodamine B isothiocyanate(red)에 자외선을 비추면 형광이 나타난다. 이 형광 물질로 항체에 표식하고 항원 검출을 확인하는 직접법(direct fluorescent antibody technique)과 항원과 결합되어 있는 항체를 형광 물질로 표식된 항체를 가지고 항체를 확인하는 간접법(indirect fluorescent antibody technique)이 있다.
직접 형광 항체법은 도말 표본, 절편 조직 표본내 항원 검출에 쓰는 방법이다.

술식

도말 표본에 형광항체로 반응 처리한 다음 여분의 과잉 항체를 세척하여 제거시킨 후 형광 현미경으로 검경, 확인하는 것이다.
이것은 조직내 충체 검출시에 이용된다.
간접 형광 항체법은 항원에 환자 혈청과 반응시키고(1차 결합), 그 후 1차 결합 항체에 대한 2차 항체(antihuman γ globline rabbit serum)를 형광 물질로 표식한 것으로 처리하여 항원 – 1차 항체 – 형광 표식 2차 항체의 복합체를 만들어서 형광 현미경으로 검경하는 법이다. 이 방법은 직접법보다 예민도가 높고 감도가 10배나 된다.
기생충병에 활용되는 한계는 사용 가능한 항원에 제약이 있다.

1. 충체 : malaria, toxoplasma, Leishmania, *Entameba histolytica*
2. 고정된 유충, 충란 : 선모충, 주혈흡충의 유충, 조직 내 충란
3. 조직 내 부서진 충체 : hydatid scolex, sand, schistosoma

◈ 효소항체법(Enzyme Antibody Technique)

이 방법의 원리는 형광 항체법과 같다. 단지 발색 표시 물질에서 형광 항체법은 형광 물질이고, 반면에 효소 항체법에서는 발색 표식을 효소가 하고 있다. 항상 쓰는 효소로 alkaline phosphatase, horse raddish peroxidase 두 가지 효소가 이용된다.
요사이 변법으로 Enzyme linkde immunosolbent assay(ELISA)는 그 반응 결과도 매우 예리하므로 기생충병의 혈청 진단에 등용되었다.

[방 법]

1. 가용성 항원을 홀 슬라이드 내면에 흡착시킨 가용성 항원과 환자 혈청을 가하여 1차 결합시킴.
2. enzyme labelled antibody로 반응시키고 난 다음
3. 충분히 세척하고
4. 기질액을 떨어뜨려 착색한다.
5. 분광 광도계로 흡광도를 측정하여 환자 혈청 속의 항체량을 계측한다.

이 방법으로 혈청 진단이 가능한 기생충병은

1. Toxoplasmosis
2. malaria
3. schistosomiasis
4. strongyloidiasis
5. trichinellosis
6. onchocercosis
7. cysticercosis

◈ Radioimmunosolbent test [RIST]

이 방법은 측정 불가능하던 미량 항체를 계측 가능케 하는 가장 예민한 total IgE 측정용 Kit가 시판되어 RIST법이 각광 받게 되었다.
이것으로 IgE, IgG 측정이 쉽게 되었다.

[원 리]

anti IgE antibody+sephadeex G-25와 환자 혈청과 혼합한 후 일정량의 ^{125}I 동위 원소와 표식된 IgE와 반응시키면, 혈청 IgE와 표식된 IgE가 결합하여 anti IgE antibody와 반응하게 된다. 결합 표식 IgE가 첨가된 총 표식 IgE 속에 몇 %가 되는 가를 geiger count로 검측하고, 표준시료로 작성한 그래프로 환자 혈청 속에 들어 있는 IgE 절대량을 산출하는 것이다.

◈ Radioallergosolbent [RAST]

이 방법의 원리는 간접 형광 항체법과 같다.
가용성 항체를 CNBr로 처리하고 활성화된 sepharose와 여과지 면에서 화학적으로 결합시키든가 polyester tube 내면에 흡착시킨 것을 사용한다.

[방 법]

1. 항원에 환자 혈청을 넣어 1차 항체를 결합한 후
2. ^{128}I isotope로 표시한 2차 항체와 결합시킨다.
3. 방사능 측정하여 1차 항체량(특이적 IgE)을 계측한다.

다음은 현재 기생충증의 진단에 흔히 쓰이고 추천되는 면역진단법을 정리한 표이다.

Parasitosis	Assay										
	ID (GDT)	PREC (IEP, CEP)	A (DAT, LAT)	IHA	IFAT	IgM IFAT	ELISA (EIA)	IgM ELISA	RIA	CFT	OTH. ER TESTS
Trypanosomiasis				+	+		+				CTF
Chagas' disease			+	+	+					+	
Leishmaniasis	+			+	+		+				
Giardiasis										+	
Trichomoniasisa											
Amocbiasis	+	+		+	+		+				
Toxoplasmosis					+	+	+	+		+	SFT
Bcsnoitiosis					+		+				
Sarcocystosis				+	+		+				
Cryptosporidiosis					+						
Malaria		+		+	+		+		+		
Babesiosis					+					+	
Theileriosis					+		+				
Schistosomiasis				+	+		+		+		
Fascioliasis		+					+				
Paramphistomosis					+		+				
Paragonimiasis	+				+		+			+	
Cysticercosis				+	+		+				
Echinococcosis		+	+	+	+		+			+	RAST
Trichinellosis	+	++b	+	+	+		+			+	
Strongyloidiasis					+		+				
Larva migrans visceralis		+b					+				
Filariasis		+		+	+		+			+	
Onchocercosis					+		+				RAST

충란계산법
(EGG COUNTING METHOD)

1. 필요성

왜 이 방법을 실시하여야 하나

1. 도말법, 집란법만으로는 윤충란의 정성적 성격은 있으나 정량적 성격이 없다.
2. 감염 정도의 추정 Estimation of worm burdens을 위하여 특정 지역 주민, 집단에 대한 기생충 감염 정도, 감염충 수를 Egg per Gram, Egg per Day(E.P.G., E.P.D.) 변 1g 중에 포함된 충란수, 1일 산란수를 검사하여 추정한다.
3. 기생충 감염에 대한 대책 수립과 관리를 위하여
4. 구충제의 선정 및 그 효과 판정을 위하여

2. 실시요령

충란 계산법에는 희석 충란 계산법 Stoll dilution egg counting technique, 직접 충란계산법 Beaver's direct egg counting technique 두 가지 계산법이 있다.

[희석 충란 계산법]

1. 전용 stoll's flask에 변 4g을 넣고 0.1N NaOH 용액을 플라스크 눈금 60까지 넣는다.
2. 유리알 10~20개를 넣고 세게 흔든다.
3. 검사 직전 다시 흔들어 준 다음 전용 Stoll's pipette 0.15로 검사재료를 취한다.
4. 이것을 받침 유리에 놓고 덮개 유리(22 × 40mm)를 덮는다.
5. 덮개 유리 전면을 검경하여 충란을 구한다.
6. E.P.G.는 검경된 충란수 × 100배하면 된다.

3. 감염 정도의 추정

$$수식 = \frac{E.P.G \times feces/dat}{eggs\ per\ day\ per\ female} \times n \qquad n: 자웅\ 동체일\ 경우\ 1,\ 자웅\ 이체일\ 경우\ 2$$

[직접 충란 계산법 Beaver's direct egg counting technique]

이 방법은 간단하고 상당히 정확한 계산법이다.
변의 밀도는 이를 혼탁액으로 할 경우 투과 광선의 흡수도와 일정한 함수 관계가 있다.

받침 유리 위에 2mg 변을 도말하기 위해 calibrated photoelectric cell을 준비하고, 균등하게 도말하면서 조도계가 75lux가 되도록 한다.
이때에 덮개 유리 24×32mm 이상 되는 큰 덮개 유리를 덮고 검경하여, 충란수를 세고 그 수에 200배하여 E.P.G.를 구한다.

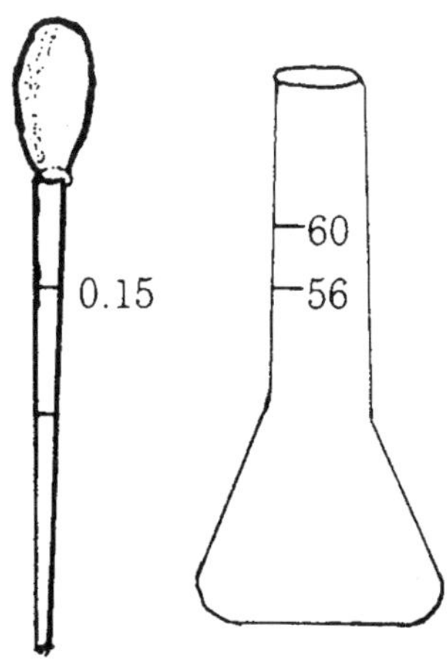

그림 8.2 충란 계산도구(Stoll pipette, Stoll flask)

참고문헌

REFERENCES

1. 양용석(1980) : 기생충병 진단을 위한 인체 기생충학. 대학서림, 서울.

2. 주정균 (1974) : 기생충학 실습. 최신의학사, 서울.

3. 주종윤 (1983) : 의용 기생충학 실습. 계명대학교 의과대학 기생충학교실, 대구.

4. 山口富雄, 金子淸俊, 多田功(1987) : エツセソツヤル寄生蟲病學. 醫學藥出版株式會社, 東京.

5. 松林久吉(1965) : 人體寄生蟲ハントブツク. 朝合書店, 東京.

6. Ausstin J. Macinnis & Mariella Voge(1970) : Experiments and Techniques in Parasitology. Freeman Co. San Fransico.

7. Deane P. Furman & E. paul Catts(1982) : Manual of Medical Entomology. Macmillan, New York.

8. Edward W. Baker & G.W. Wharton(1964) : An Introduction to Acarology. Macmillan, New York.

9. Edward A. Benbrook & Margaretw. Stoss(1961) : Veterinary Clinical Parasitology. Iowa State Univ. Press. Ames, Iowa.

10. Emile a. Malek(1962) : Laboratory Guide and Notes for Medical Malacology. Burgess Publ. Minneapolis.

11. Francis M. Spencer & Lee S. Monroe(1982) : The Color Atlas of Intestinal Parasites. Charles Thomas Publ. Springfield.

12. Edward K. Markell & Marietta Voge(1985) : Diagnostic Medical Parasitology. Saunder Co. Philaderphia.

13. Glenn L. Hoffman(1957) : Medical Parasitology Laboratory Manual. Burgess Publ. Minneapolis.

14. V. Heinz Mehldern & Werner Peters(1983) : Diagnose der Parasiten des Menschen. Gustav Fischer Verlag, Stuttgart.

15. Lynne Shore Garcia & Lawrencer Ash(1979) : Diagnostic Parasitology. Mosby, St Louis.

16. M.W. Service(1980) : A Guide to Medical Entomology. Macmillan Press, London.

17. Manfred Dietrich & Peter Kern(1983) : Tropenlabor. Gustav Fischer Verlag, Stuttagart.

18. Pictorial Keys Arthropods, Reptiles, Birds and Mammals of Public Health Significance.

Communicable Disease Center, Atlanta, 1967.

19. R.A. Lambert(1970) : Parasitology; identification of Helminths. Butterworths, London.

20. R.A. Lambert(1970) : Parasitology; identification of Protozoa.

21. Ralph W. Macy & Allen K. Berntzen(1971) : Laboratory Guide to Parasitology. Charles Publ. springfield.

22. T.H. Davey(1966) : A Guide to Human Parasitology for Medical Practitioners. Lewis Co. London.

23. U.S. Naval Medical School(1965) : Medical Protozoology and Helminthology. Bethesda, Maryland.